U0251650

油气高质量开发与生态环境监管协调发展研究 ——以四川省为例

董倩宇　著

项目策划：梁　平
责任编辑：梁　平
责任校对：杨　果
封面设计：璞信文化
责任印制：王　炜

图书在版编目（CIP）数据

油气高质量开发与生态环境监管协调发展研究 ： 以四川省为例 / 董倩宇著. — 成都 ： 四川大学出版社，2021.12

ISBN 978-7-5690-5231-2

Ⅰ. ①油… Ⅱ. ①董… Ⅲ. ①油气田开发－生态环境保护－研究－四川 Ⅳ. ① X322

中国版本图书馆 CIP 数据核字（2021）第 257514 号

书名　油气高质量开发与生态环境监管协调发展研究——以四川省为例

著　　者　董倩宇
出　　版　四川大学出版社
地　　址　成都市一环路南一段 24 号（610065）
发　　行　四川大学出版社
书　　号　ISBN 978-7-5690-5231-2
印前制作　四川胜翔数码印务设计有限公司
印　　刷　郫县犀浦印刷厂
成品尺寸　170mm×240mm
印　　张　9
字　　数　169 千字
版　　次　2022 年 3 月第 1 版
印　　次　2022 年 3 月第 1 次印刷
定　　价　48.00 元

◆ 读者邮购本书，请与本社发行科联系。
电话：(028)85408408/(028)85401670/
(028)86408023　邮政编码：610065
◆ 本社图书如有印装质量问题，请寄回出版社调换。
◆ 网址：http://press.scu.edu.cn

四川大学出版社
微信公众号

目　　录

第 1 章　概论

“十四五”时期是我国开启全面建设社会主义现代化国家新征程、向第二个百年奋斗目标进军的第一个五年，标志着我国将进入新发展阶段，经济社会发展的主要目标是不断实现人民对美好生活的向往。生态文明建设是关系人民福祉、关乎民族未来的千年大计。而油气能源是支撑社会经济发展的主体能源，其高质量发展对我国构建绿色、低碳、高效的能源体系，保障国家能源安全具有重要意义。油气高质量发展始于油气高质量开发。油气高质量开发即改变高消耗、高污染、低效益的传统开发方式，以生态优先和绿色发展为导向，实现开发的低消耗、低污染、生态性和可持续性。

1.1　研究背景

1.1.1　中国能源开发迈入高质量发展阶段

习近平总书记在党的十九大报告中指出，中国经济已由高速增长转向高质量发展阶段，高质量发展成为新时代经济发展的基本要求。石油天然气是现代工业的血液，推动石油天然气高质量发展有助于促进新时代经济发展。国家发展和改革委员会（简称发改委）、国家能源局在 2017 年印发的《能源生产和消费革命战略（2016—2030）》中提出，将发展油气能源作为构建清洁低碳、安全高效能源体系的主要措施。2020 年，国家能源局在《2020 年能源工作指导意见》中强调，大力提升油气勘探开发力度，保障能源安全，狠抓主要目标任务落地，进一步巩固增储上产的良好态势。

“十三五”期间，国家先后出台了《关于深化石油天然气体制改革的若干意见》《石油天然气管网运营机制改革实施意见》《关于取消和下放一批行政许可事项的决定》等关于油气行业进一步改革的政策文件，初步建立了油气体制改革的制度体系，总体上明确了油气行业的改革方向。

2017年，党的十九大报告首次提出“我国经济已由高速增长阶段转向高质量发展阶段”这一历史性论断。在这一新时代背景下，党和政府对油气行业高质量发展也提出了新要求，指明了油气行业发展的方向和目标。众多专家学者从不同方面、不同维度对油气行业高质量发展进行了研究，提出建设清洁低碳、安全高效的现代化油气能源体系是油气行业高质量发展的目标，要完成这个目标就必须以创新、协调、绿色、开放、共享的新发展理念为指导思想，以能源安全为前提，以“四个革命、一个合作”为内核，坚持科技创新，更加清洁高效地利用油气资源，提供充足、优质、绿色、安全的油气生产消费环境，满足人民和国家的高质量用能需求。油气高质量开发是实现油气行业高质量发展的第一步。因此，本书认为油气高质量开发是指围绕高质量发展目标，为满足国民经济和社会发展需求，以保障国家能源安全为前提，以绿色低碳为基础，以质量、效率和动力变革为路径，以科技创新为驱动，提升油气开采综合效率，优化油气行业基础设施建设，增强人民的获得感，实现绿色、智慧、高效、和谐，共享的油气开发体系。

1.1.2 碳达峰背景下能源绿色转型的迫切要求

2020年9月，习近平总书记提出了“双碳”战略，即碳达峰、碳中和战略：力争二氧化碳排放在2030年前达到峰值，2060年前实现碳中和。这一战略势必会加速能源结构调整，进一步推动油气行业高质量发展。当前我国碳排放仍然处于总量和增量较高的阶段，碳达峰的总体任务仍然较重，能源行业想要实现碳排放减量任重而道远。“十四五”时期是中国经济建设的新起点，为了贯彻新的发展理念，实现经济高质量发展，碳达峰、碳中和既是高质量发展的内在要求，也是经济社会实现持续平稳发展的前提条件。建立健全绿色低碳循环发展的经济体系，也是应对全球气候变化的重要战略措施，中国将担负起引领世界经济绿色发展的重担。基于这一背景条件，能源绿色转型刻不容缓。当前，我国能源绿色转型面临两大压力。

一是国外能源企业的转型给我国企业带来压力。在新能源的消费量和占比稳步上升、能源地域分布不均衡、新能源成本降低和科学技术不断进步的背景下，传统油气生产商向综合能源生产商转型。例如英国石油公司将天然气作为公司业务转型的重点，在2016年把低碳能源的研发上升到了战略高度；壳牌公司更是早在2009年就对公司业务进行了系统整合，将天然气业务作为公司战略发展项目。随着能源的转型，原来以石油天然气为主导形成的能源竞争格局，将逐渐转变为以新能源和低碳技术为主导的竞争格局。我国的石油储量位居世界前列，但油储量分布不均，开采成本较高，主要油田进入稳产后期，整体处于高含水、高采出阶段，经济效益差。新发现储量品位降低，主要以低渗和特低渗为主，占比达到 80%以上，开发难度较大。并且我国油气行业目前还存在炼油产能过剩和化工产品（尤其是高端化工产品）供给不足等问题。在国外能源企业转型的压力之下，我国企业必须推动能源绿色转型，才能保证能源供给安全，达到"碳达峰、碳中和"目标，推动经济高质量发展。

二是环境的约束给我国油气企业发展带来挑战。油气开发过程对环境的影响毋庸置疑，开发产生的废水、废气及对土地资源的破坏，使得环境监管尤为重要。在经济下行压力倍增的背景下，加强生态环境约束，无疑是巨大的挑战。如若政府实行更高标准的环境监管制度、督促企业使用清洁能源、鼓励油气企业加强绿色开采技术研发，这些措施在加大环境保护力度的同时，也增加油气企业的生产成本，给油气企业的发展带来压力，减缓能源绿色转型的速度。

四川省是我国油气开发大省，四川省油气高质量开发对保证我国的能源安全与实现能源绿色转型具有重要意义。四川省政府高度重视油气开发的生态环境监管工作，近年颁布了《四川省生态文明体制改革方案》（2016）、《关于加强环境监管执法工作的通知》（2017）、《四川省公开中央环境保护督察整改方案》（2018）、《四川省生态环境机构监测监察执法垂直管理制度改革实施方案》（2019）等文件，不断深化生态环境监管机制改革。对油气勘探开发的环境问题比较重视的地方的环境保护主管部门还制定了较为系统的地方部门规章，主要涉及油气勘探开发建设项目管理、建设用地、环境管理、环境敏感区保护、水资源管理和恢复性规划等方面。然而，这一系列政策的有效性却存在争议，一是认为这些政策在实行过程中执行不力的情况时有发生，二是认为其对油气高质量发展的促进作用也并不显著。

本书以我国油气开发大省——四川省为研究对象，对四川省油气高质量开发与生态环境监管的耦合协调度进行了评价与预测，研究成果有助于四川省建立符合开发规律、产业特殊性的四川省油气高质量开发与生态环境监管的耦合协调机制，调动油气企业切实转向高质量发展，实现绩效的叠加放大，促进能源绿色转型，为深化我国生态文明体制改革提供参考。

1.2 理论基础

1.2.1 耦合理论

耦合最初是物理学中的概念，指的是两个或两个以上的体系或两种运动形式通过相互作用而彼此影响以至联合起来的现象。后来经济学、环境学、管理学、地理学和社会学等学科借用物理学中耦合的概念进行应用研究。随着人们对耦合理论的研究越来越深入，耦合理论所包含的内涵也越来越广泛。根据其相互作用的状态可将耦合分为良性耦合和恶性耦合两种：当两个系统之间是共同促进、协调发展时就是良性耦合状态；当两个系统之间步调不一、彼此制约时就是恶性耦合状态。

1．耦合度

耦合度是反映不同要素或系统之间相互关系的密切程度，是度量要素或系统彼此之间影响程度的一个重要指标。系统内部中不同要素之间的协同发展关系，掌握着该系统的转变方向以及变化特征，决定着系统是否可以由无序状态转化为有序状态。而耦合度就是度量这种系统间的协同作用的指标。耦合度体现了系统之间或要素之间相互作用的强弱，系统与系统之间以及系统内各要素之间，只有配合一致、良性互动，才能保证系统的健康发展。

2．耦合协调度

耦合包括“协调”和“发展”两个层面的含义。其中，协调衡量了在特定时点上系统间相互配合的程度，发展衡量了系统随着时间的推移由低水平到高水平共同变化的过程。因此，耦合协调度是一种定量指标，用来衡量彼此耦合的系统之间协调发展程度的大小。

3．耦合模型

目前构建两系统耦合模型的方法主要有三种。

第一种方法是根据一般系统理论中的系统演化思想构建耦合模型。把两系统的变化过程看成一种非线性过程，把它们作为一个复合系统来考虑，并给出其演化方程。

$$\begin{cases} A = \dfrac{\mathrm{d}Q_1}{\mathrm{d}t} = f_1(Q_1, Q_2) \\ B = \dfrac{\mathrm{d}Q_2}{\mathrm{d}t} = f_1(Q_1, Q_2) \end{cases} \tag{1-1}$$

式1—1中，A，B 表示两系统的演化状态；Q_1，Q_2 表示两系统的综合发展水平，t 表示年份。接下来，要求两系统的演化速度。

$$V_A = \frac{\mathrm{d}A}{\mathrm{d}t}, V_B = \frac{\mathrm{d}B}{\mathrm{d}t}, V = f(V_A, V_B) \tag{1-2}$$

式1—2中，V_A，V_B 分别为两个子系统的演化速度，整个系统的演化速度 V 可以看作 V_A 和 V_B 的函数，当两个子系统协调时，整个系统也是协调发展的。因此，可以 V_A，V_B 为控制变量，通过分析 V 的变化来研究这个系统以及两个子系统间的耦合关系。

由于 V 的变化是 V_A 和 V_B 引起的，所以可以在二维平面（V_A，V_B）中来分析 V，以 V_A，V_B 为变量建立坐标系，则 V 的变化轨迹为坐标系中的一个椭圆（因为两系统的演化速度并不相等）。把 V 和 V_B 的夹角定义为耦合度，且满足 $\tan\alpha = V_A/V_B$，则：

$$\alpha = \arctan V_A/V_B \tag{1-3}$$

根据 α 的取值，就可以确定整个系统的演化状态以及两个子系统协调发展的耦合程度。由图1—1可知：

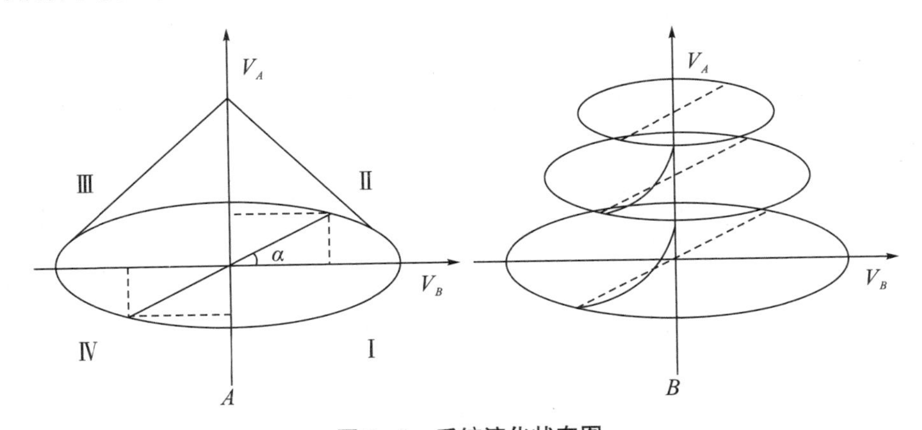

图1—1 系统演化状态图

（1）当 $-90° < \alpha \leqslant 0°$ 时，系统处于低级协调共生阶段。

（2）当 $0° < \alpha \leqslant 90°$ 时，系统处于协调发展阶段。

（3）当 $90° < \alpha \leqslant 180°$ 时，系统处于极限发展阶段。

（4）当 $-180° < \alpha \leqslant -90°$ 时，系统处于螺旋式上升阶段。

第二种方法是采用变异系数（离散系数）来推导耦合模型。

第三种方法是根据容量耦合系数模型分析，进而推广出多个系统及系统间耦合模型的。

$$C_n = \sqrt[n]{\frac{F_1 F_2 \cdots F_n}{\prod (F_i + F_j)}} \tag{1-4}$$

因而，两系统的耦合度函数可表示为式（1-5）：

$$C_i = \sqrt{\frac{F_1 F_2}{(F_1 + F_2)(F_1 + F_2)}} \tag{1-5}$$

在软件工程中，对象间的耦合度就是对象间的依赖性，所以耦合度也叫耦合性，是对模块间关联程度的度量。耦合性可以是低耦合性（或称为松散耦合），也可以是高耦合性（或称为紧密耦合）。以下列出一些耦合性的分类：

内容耦合（content coupling，耦合度最高），也称为病态耦合（pathological coupling），指一个模块直接使用另一个模块的内部数据，或通过非正常入口而转入另一个模块内部。

共享耦合/公共耦合（common coupling），也称为全局耦合（global coupling），指通过一个公共数据环境相互作用的那些模块间的耦合。公共耦合的复杂程序随耦合模块的个数增加而增加。

外部耦合（external coupling），发生于二个模块共享一个外加的数据格式、通信协议或是设备界面，基本上和模块的外部工具及设备的沟通有关。

控制耦合（control coupling），指一个模块调用另一个模块时，传递的是控制变量（如开关、标志等），被调模块通过该控制变量的值有选择地执行块内某一功能。

特征耦合/标记耦合（stamp coupling），也称为数据结构耦合，指几个模块共享一个复杂的数据结构，传递的是这个数据结构的地址。

数据耦合（data coupling），指模块借由传入值共享数据，每一个数据都是最基本的数据，而且只分享这些数据（例如传递一个整数给计算平方根的函数）。

消息耦合（message coupling）是无耦合之外耦合度最低的耦合，可以借由以下二个方式达成：状态的去中心化（例如在对象中），组件间利用传入值或消息传递来通信。

无耦合，指模块完全不和其他模块交换信息。

子类耦合（subclass coupling），描述子类和父类之间的关系，子类链接到父类，但父类没有链接到子类。

时空耦合（temporal coupling），指二个动作只因为同时间发生，就被包装在一个模块中。后来的研究提出了许多不同层面的耦合性，并且用来评估实务上各种的模块化法则的实施程度。

借鉴以上计算机科学对于耦合度的分类，社会科学研究中通常将耦合度根据其高低程度分为 10 个档次：极度失调衰退、严重失调衰退、中度失调衰退、轻度失调衰退、濒临失调衰退、勉强协调发展、初级协调发展、中级协调发展、良好协调发展、优质协调发展。

1.2.2 可持续发展理论

1. 广泛性定义

1987 年由世界环境及发展委员会所发表的《我们共同的未来》对可持续发展理论做出了广泛性定义：可持续发展是既满足当代人的需求，又不对后代人满足其需求的能力构成危害的发展。它是一个密不可分的系统，既要达到发展经济的目的，又要保护好人类赖以生存的大气、淡水、海洋、土地和森林等自然资源和环境，使子孙后代能够永续发展和安居乐业。可持续发展与环境保护既有联系，又不等同。环境保护是可持续发展的重要方面。可持续发展的核心是发展，但要求在严格控制人口、提高人口素质和保护环境、资源永续利用的前提下进行经济和社会的发展。发展是可持续发展的前提，人是可持续发展的中心体，可持续长久的发展才是真正的发展。

2. 科学性定义

由于可持续发展涉及自然、环境、社会、经济、科技、政治等诸多方面，所以，研究者所站的角度不同，对可持续发展所作的定义也就不同。大致归纳如下：

（1）侧重自然方面的定义。

“持续性”一词首先是由生态学家提出来的，即“生态持续性”（ecological sustainability），意在说明自然资源及其开发利用间的平衡。1991 年 11 月，国际生态学会（IAE）和国际生物科学会（INTECOL）联合举行了关于可持续发展问题的专题研讨会，发展并深化了可持续发展概念的自然属性，将可持续发展定义为保护和加强环境系统的生产和更新能力，其含义可理解为可持续发展是不超越环境系统更新能力的发展。

（2）侧重于社会方面的定义。

1991年，由世界自然保护同盟（IUCN）、联合国环境规划署（UNEP）和世界野生生物基金会（WWF）共同发表《保护地球：可持续生存战略》，将可持续发展定义为在生存于不超出维持生态系统涵容能力的情况下改善人类的生活品质，并提出了人类可持续生存的九条基本原则。

（3）侧重于经济方面的定义。

爱德华·巴比尔（Edivard Barbier）在其著作《经济、自然资源：不足和发展》中，把可持续发展定义为在保持自然资源的质量及其所提供服务的前提下，使经济发展的净利益增加到最大限度。皮尔斯（Pearce）认为，可持续发展是今天的使用不应减少未来的实际收入；当发展能够保持当代人的福利增加时，也不会使后代的福利减少。

（4）侧重于科技方面的定义。

斯帕思（Spath）认为：可持续发展就是转向更清洁、更有效的技术——尽可能接近“零排放”或“密封式”，工艺方法尽可能减少能源和其他自然资源的消耗。

（5）综合性定义。

1989年“联合国环境发展会议”（UNCED）专门为“可持续发展”的定义和战略通过了《关于可持续发展的声明》，认为可持续发展的定义和战略主要包括四个方面的含义：

①走向国家和国际平等。

②要有一种支援性的国际经济环境。

③维护、合理使用并提高自然资源基础。

④在发展计划和政策中纳入对环境的关注和考虑。

综上所述，可持续发展就是建立在社会、经济、人口、资源、环境相互协调和共同发展的基础上的一种发展，其宗旨是既能相对满足当代人的需求，又不能对后代人的发展构成危害。

3. 可持续发展理论基本原则

（1）公平性原则。

所谓公平，是指机会选择的平等性。可持续发展的公平性原则包括两个方面：一方面是当代人的公平，即代内之间的横向公平性；另一方面是代际公平，即世代之间的纵向公平性。可持续发展不仅要实现当代人之间的公平，还要实现当代人与未来各代人之间的公平。因为人类赖以生存与发展的自然资源是有限的。从伦理上讲，未来各代人与当代人有同样的权利来提出他们对资源与环境的需求。可持续发展要求当代人在考虑自己的需求与消费的同时，也要对未来各代人的需求与消费负起责任。各代人之间的公平要求任何一代都不能处于支配的地位，即各代人都应有同样选择的机会。

（2）持续性原则。

这里的持续性是指生态系统受到某种干扰时能保持其生产力的能力。资源环境是人类生存与发展的基础和条件，资源的持续利用和生态系统的可持续性是保持人类社会可持续发展的首要条件。这就要求人们根据可持续性的条件调整自己的生活方式，在生态允许的范围内确定自己的消耗标准，要合理开发、合理利用自然资源，使再生性资源能保持其再生产能力，非再生性资源不至过度消耗并能得到替代资源的补充，环境自净能力能得以维持。可持续性原则从某一个侧面反映了可持续发展的公平性原则。

（3）共同性原则。

可持续发展关系到全球的发展。要实现可持续发展的总目标，必须争取全球共同的配合行动，这是由地球整体性和相互依存性所决定的。因此，致力于达成既尊重各方的利益，又保护全球环境与发展体系的国际协定至关重要。正如《我们共同的未来》中写的：今天我们最紧迫的任务也许是要说服各国，认识回到多边主义的必要性……进一步发展共同的认识和共同的责任感，是这个分裂的世界十分需要的。这就是说，实现可持续发展就是人类要共同促进自身之间、自身与自然之间的协调，这是人类共同的道义和责任。

4. 基本要素

可持续发展定义包含两个基本要素：满足需要和对需要的限制。满足需要，首先是要满足贫困人民的基本需要。对需要的限制主要是指对未来环境需要的能力构成危害的限制。因为这种限制一旦被突破，必将危及支持地球生命的自然系统中的大气、水体、土壤和生物。决定两个基本要素的关键性因素是：

（1）收入再分配以保证不会为了短期生存需要而被迫耗尽自然资源。

（2）降低人们对遭受自然灾害和农产品价格暴跌等损害的脆弱性。

（3）普遍提供可持续生存的基本条件，如卫生、教育、水和新鲜空气，保护和满足社会最脆弱人群的基本需要，为全体人民，特别是为贫困人民提供发展的平等机会和选择自由。

1.2.3 系统动力学理论

1. 系统动力学的概念

系统动力学（System Dynamics，SD）是一种以计算机模拟技术为主要手段，通过结构和功能分析研究和解决复杂、动态、反馈性系统问题的方法。它是系统科学的一个重要分支，更是一门新兴的交叉学科，被誉为人文社会科学的“战略与策略实验室”。

系统动力学出现始于1956年，其创始人为美国麻省理工学院的福瑞斯特（Forrester）教授。初期，系统动力学主要运用于工业企业的管理，处理诸如生产与雇员情况的波动、股票与市场增长的不稳定性、库存管理等问题。1961年福瑞斯特教授出版的《工业动力学》成为系统动力学理论与方法的经典论著，故该学科早期被称为“工业动态学”。后来，随着其应用范围日益扩大，几乎遍及社会经济各个系统，深入各种领域，20世纪70年代，被改称为“系统动力学”。

2. 系统动力学的特点

（1）复杂性。

系统动力学是一门可用于研究处理社会、经济、生态等高度非线性、高阶次（累计变量）、多变量、多重反馈、复杂时变大系统问题的学科。它可在宏观与微观层次上对复杂多层次多部门的大系统进行综合研究。

（2）动态性。

系统动力学的研究对象主要是开放系统。它强调系统的联系、发展与变化，认为系统的行为模式与特性主要植根于其内部的动态结构与反馈机制。

（3）交叉性。

系统动力学研究解决问题的方法是一种定性与定量相结合，系统思考、分析、综合与推理的方法，需要多工种、多学科的协作。系统动力学的建模过程也要求建模专家、决策者和实际管理部门人员的三结合，既便于运用各种数据、资料、人们的经验与知识，也便于汲取、融会其他系统学科与其他科学理论成果。

（4）规范性。

系统动力学模型从整体上必须是规范严谨的，不能有言词上的含糊、情绪上的偏颇或直观上的差错。只有这样才能对现有问题进行客观的剖析和对政策实验的理性假设，最终能可靠地把复杂系统中隐含的凌乱与迷津追索出来。

3. 系统动力学的基本要素

构成系统动力学模型的基本要素包含“流”（Flow）与“元素”。流分为“实体流”（Material Flow）和“信息流”（Information Flow），元素包括“状态变量”（Level）、“速率”（Rate）和“辅助变量”（Auxiliary）。

流的种类包含订单流、人员流、现金流、设备流、物流与信息流。这六种流归纳了一般组织或企业运作所包含的基本运作结构。状态变量表示真实世界中可随时间推移而累积的事或物。除了实体可见的状态变量如存货、人数、金钱、污染物质的总量等，还包含无形不可见的状态变量如能量、压力等。状态变量的值由控制该状态变量的速率决定，一个状态变量可由数个速率来控制。速率又可分为流入速率与流出速率，状态变量由流入速率与流出速率之间的差经过一段时间的累积所形成。辅助变量主要有三种含义：第一种表示数据处理的过程；第二种表示某些特定的环境参数值，为一常数；第三种为系统的输入测试函数或数值。前两种情况都可视为速率的一部分，其与速率共同形成某一特定目的的管理控制机制；最后一种则用以测试模型行为的各种不同情境。

系统动力学建模有三个重要组件：因果反馈图、流图和方程式。因果反馈图描述变量之间的因果关系，是系统动力学的重要工具。流图帮助研究者用符号表达模型的复杂概念。系统动力学模型的结构主要由微分方程式组成，每一个连接状态变量和速率的方程式即是一个微分方程式。系统动力学中以有限差分方程式来表示存量流量的变化，再依时间步骤对各方程式求解，呈现出系统在各时间点的状态变化。

1.3 研究内容与方法

1.3.1 研究内容

本书以四川省油气高质量开发系统与生态环境监管系统为研究对象，在总结分析国内外研究的基础上，结合研究区域实际情况，对以下内容进行研究。

1. 相关概念界定与耦合机理分析

首先对“油气高质量开发”“生态环境监管”“油气高质量开发与生态环境监管的耦合”等核心概念进行界定，然后对油气高质量开发与环境监管的耦合机理进行分析。二者的关系并不仅仅只是经济学上的促进或抑制关系或者行政学的监管主体与客体关系，而是相互影响的非线性负反馈关系，在不断改变自身的同时改变着对方。

2. 四川省油气开发的生态环境监管现状与困境分析

油气高质量开发意味着要改变高消耗、高污染、低效益的传统开发方式，以生态优先和绿色发展为导向，实现开发的低消耗、低污染、生态性和可持续性。通过充分梳理现有文献并进行实地考察和专家访谈，明确四川省油气开发生态环境监管的困境和影响因素，为后文构建四川省高质量油气开发和生态环境监管水平指标体系奠定基础。

3. 四川省油气高质量开发与生态环境监管的耦合协调模型构建

油气高质量开发与生态环境监管两个子系统，通过系统内部指标之间的协同作用左右整个系统的特征与规律。首先，将新中国成立以来三次油气开发环境监管机制改革置于整个中国经济发展的逻辑进程区间内进行历史演进分析，关注不同阶段的油气开发生态环境监管子系统（监管主体范围、政策法规、环境治理、生态保护、环保人员等指标）与背景因素子系统（科学技术、经济条件、外部环境、公众诉求等指标）的匹配演化过程，构建四川省油气开发生态环境监管机制变迁的解释框架，找到变迁折射出的重要影响因素和关键原因，构建生态环境监管子系统测度指标体系。其次，在对油气开发企业和环保部门实地调研的基础上，结合现有的国内外高质量发展相关的测度指标，构建油气高质量开发子系统（企业环保投入、污染排放、资源消耗、生态水平等）测度指标体系。最后，构建四川省油气高质量开发与环境监管的耦合协调度模型。

4. 四川省油气高质量开发与生态环境监管的耦合度评价

系统由无序走向有序的关键在于系统内部指标因素之间的协同作用，它左右着系统相变的特征与规律，耦合度正是对该种协同作用的度量。基于前文构建的耦合协调度模型，结合四川省 2010—2019 年的面板数据，对四川省油气高质量开发与环境监管的耦合水平进行测算、评价和预测，对四川省高质量油气开发与生态环境监管进行时序耦合关系分析，找出影响四川省高质量油气开发与生态环境监管的耦合协调的原因，再运用灰色预测模型 *GM*（1，1）对四川省未来 10 年的油气高质量开发与生态环境监管耦合度与耦合协调度类型进行预测。

5. 促进四川省高质量油气开发与生态环境监管的耦合协调发展的对策建议

基于耦合度评价和预测的结果，结合与我国曾处于相似经济模式转型阶段的日本、美国、德国环境监管机制，和国内相关监管机制（食品药品安全监管、安全生产监管机制）的改革进行比较分析，最终结合预测评估结果提出相应的促进四川省高质量油气开发与生态环境监管的耦合协调发展的对策建议。

1.3.2 研究方法

本书基于生态环境监管的复杂性与系统性，综合运用耦合协调理论、复杂系统理论、环境经济学、组织行为学、公共管理学、制度经济学等学科知识进行多角度研究。在常规性文献研究的基础上，本书采用的具体研究方法有以下几种。

1. 实地调研和专家访谈法

通过实地调研四川省主要油气开发现场，走访相关部门，明确四川省油气开发生态环境监管的现实困境，明确油气高质量开发的关键因素，在此基础上筛选耦合机制测度指标；并结合现有的国内外高质量发展相关的测度指标，构建油气高质量开发子系统测度指标体系。

2. 历史分析法

通过将生态环境监管机制改革问题置于整个中国经济发展的逻辑进程区间内进行研究，关注不同发展阶段的经济条件、制度基础、外部环境以及制度需求等，得到生态环境监管机制的变迁规律和历史路径依赖与指标体系相关测度指标。通过系统梳理四川省油气开发生态环境监管机制演变脉络，为四川省高质量发展背景下的生态环境监管理论发展、路径选择、方案设计等提供借鉴。

3. 数理统计分析法

运用相关数理统计的分析方法，构建四川省油气高质量开发系统与生态环境监管系统的耦合度模型及耦合协调度模型。基于系统耦合理论，提出生态环境监管机制改革的本质是使机制与客体及背景因素相匹配。根据耦合度模型及耦合协调度模型，运用 SPSS、MATLAB 等分析统计软件对数据指标进行处理分析，计算出 2010—2019 年四川省油气高质量开发与生态环境监管耦合度及耦合协调度，对耦合度及耦合协调度的结果进行分析并找出影响四川省高质量油气开发与生态环境监管耦合协调的原因。运用灰色系统理论建立四川省油气高质量开发与生态环境监管耦合协调发展的灰色系统预测模型，对四川省未来10年的油气高质量开发与生态环境监管状况进行预测。

4. 比较分析与综合归纳法

通过与国内外类似案例的比较分析和多学种相关研究结论的综合归纳，以系统耦合理论为基础，结合四川省油气高质量开发与生态环境监管发展现状，并基于四川省油气开发的专业性和开发主体特殊性（能源垄断型国企），提出适应高质量发展背景下油气产业特殊性、原有制度特殊性的四川省油气高质量开发与生态环境监管的耦合协调发展建议，为深化我国生态文明体制改革提供参考。

第 2 章　相关研究进展与耦合机理分析

2.1　相关研究进展

2.1.1　高质量发展

1. 高质量发展的内涵

党的十八大以来，以习近平同志为核心的党中央直面我国社会经济发展的深层次矛盾和问题，提出创新、协调、绿色、开放、共享的新发展理念。只有贯彻新发展理念才能增强发展动力，推动高质量发展。现有关于高质量发展内涵的研究主要分为以下三个方面：

(1) 围绕“五大发展理念”。

张军扩等（2019）认为，高质量发展是以满足人民日益增长的对美好生活需要为目标的高效率、公平和绿色可持续的发展，是五位一体的协调发展。刘志彪等（2020）认为，高质量发展就是能够很好地满足人民日益增长的美好生活需要、体现新发展理念的发展。杨永春等（2020）认为，高质量发展是基于我国经济发展新时代、新变化、新要求的发展，是创新成为第一动力、协调成为内生特点、绿色成为普遍形态、开放成为必由之路、共享成为根本目的的发展。陈景华等（2020）认为，高质量发展应该是具备创新性、协调性、可持续性、开放性以及共享性的发展，是创新作为第一动力的发展。创新能力是高质量发展的手段，也是新时代衡量中国高质量发展的重要标准。汤铎铎等（2020）认为后疫情时期我国高质量发展，在政策导向上应积极推进创新驱动高质量工业化战略、区域优势互补协调发展的新型城市战略，以畅通国内大循环为主体、国际国内双循环相互促进的新发展战略，以及以稳增长与防风险的平衡为主线的宏观调控战略。王世友（2021）认为西部地区想要实现高质量发展，在新时代推进西部大开发形成新格局，必须立足现实，坚持生态优先、绿色发展的思路，在新发展理念的指导下，以绿色治理为手段，绿色受益为目标，补齐生态脆弱短板，展现地区生态特色，激活区域发展潜力。

(2) 经济高质量发展的本质。

任保平等（2018）认为经济发展质量的高水平状态是高质量发展的核心，因而衡量高质量发展就需要从衡量经济发展的有效性、协调性、创新性、持续性、分享性入手。袁晓玲等（2019）认为高质量发展意味着经济发展不再简单追求量的增加，经济高质量发展既是数量的扩张，也是质量的提高，是数量与质量的高度统一。何冬梅等（2020）认为经济高质量发展本质上是以经济增长质量的提升为核心的。李熙喆等（2020）指出经济高质量发展要求以质量为核心，坚持“质量第一，效率优先”，确定发展思路、制定经济政策、实施经济调控都要服务于质量和效益。高培勇等（2020）认为高质量发展背景下的现代化经济体系建设就是实现从高速增长向高质量发展的重要转变。经济高质量是社会高质量和治理高质量的输出。中国迈向发达国家的核心经济机制在于要素质量升级和创新，但需要社会高质量和制度高质量作为前提。高质量经济社会需要高质量治理结构支撑。张侠等（2021）认为新时代经济高质量发展是集高效、生态、稳定、绿色与开放的中国经济高质量发展模式，是中国经济面临结构性矛盾、资源过度消耗、环境瓶颈及复杂多变的国内外局势等作出的重大战略抉择。

(3) 多学科交叉的角度。

王一鸣（2018）认为，从经济学意义上来说，高质量发展包括微观、中观、宏观三个层次。微观层面是指产品高质量和服务高质量；中观层面是指产业与区域发展高质量，表现为区域之间发展的整体性、包容性和协同性；宏观层面可以通过全要素生产率来衡量，包括经济增长、发展方式和国家经济运行三个方面。赵剑波等（2019）认为高质量发展的概念丰富了质量的内涵。高质量发展是指经济、社会各方面的系统发展质量，需要采用新的框架理解质量的内涵。如果说产品质量是微观层面的质量，那么高质量发展则体现在宏观经济、产业发展、企业和产品等不同层面。金碚（2018）认为高质量发展的经济社会质态不仅体现在经济领域，还体现在更广泛的社会、政治和文化等领域，发展质量目标呈现多元化。

2. 高质量发展指标体系

目前关于油气行业高质量发展的评价指标体系尚未有一套社会广泛认可的

评价体系。现有高质量发展相关指标体系的研究主要有经济高质量发展测度指标体系、基于行业背景的高质量发展指标体系、联合国可持续发展指标体系、生态文明指标体系。

（1）经济高质量发展测度指标体系。

魏敏等（2018）构建了面向新时代的经济高质量发展水平测度体系，发现经济高质量发展各子系统水平在不同省（区、市）具有不同的特征，综合水平总体呈现“东高、中平、西低”的分布格局。苏永伟等（2019）基于高质量发展的内涵和目标，构建了高质量发展评价指标体系，并对全国 31 个省级行政区域高质量发展的情况进行测算，得出全国各地区的高质量发展实现程度均不高的结论。聂长飞等（2020）依据产品和服务质量高、经济效益高、社会效益高、生态效益高和经济运行状态好，即“四高一好”的标准构建高质量发展指标体系，并发现中国各省（区、市）高质量发展指数差异有所减小，且表现出空间正向集聚的特征。

（2）基于行业背景的高质量发展指标体系。

鲁亚运等（2019）在界定海洋经济高质量发展内涵的基础上，从五大发展理念方面构建了海洋经济高质量发展评价指标体系，并采用信息熵确定指标权的方法测算了海洋经济高质量发展综合水平。袁渊等（2020）依据文化产业高质量发展的内涵，结合当前中国文化产业发展的新要求与新理念，构建了包含产业效率、文化创新、协调发展、发展环境和对外开放五个维度的文化产业高质量发展指标体系。汤婧等（2020）探究了服务贸易高质量发展的内涵，从国际视角对服务贸易发展的评价指标进行了对比分析，从兼顾开放与安全、优化协调贸易结构、创新驱动服务升级、提升国际竞争力、可持续发展 5 个层面构建了针对服务贸易的高质量发展评价指标体系。黄修杰等（2020）在系统阐释农业高质量发展内涵的基础上，构建了包含产品质量、产业效益、生产效率、经营者素质、国际竞争力、农民收入、绿色发展 7 个维度 23 个指标的农业高质量评价指标体系。王鹏等（2021）通过构建物流高质量发展的评价指标体系，对 2018 年长三角区域 27 个城市的物流高质量发展水平进行测度，发现长三角区域内各城市的物流高质量发展水平存在着较大差异。黄顺春等（2021）通过构建制造业高质量发展评价指标体系并对区域制造业高质量发展进行监测和定量分析，发现制造业高质量发展评价研究与我国制造业发展推进历程基本协调，但现有研究缺乏对开放、民生共享、品质与品牌、社会保障与支撑指标的深入考察。

（3）联合国可持续发展指标体系。

联合国可持续发展委员会等机构于1996年提出的可持续发展指标体系，是在联合国《21世纪议程》经济、社会、环境和机构四大系统框架下，应用“驱动力－状态－响应”（PSR）概念模型，结合《21世纪议程》各章节内容而提出的，共计142个指标，主要指标如下：

社会领域：反映消除贫困的指标有就业率、贫困度等，反映人口动态和可持续能力的指标有人口增长率、净迁移率、人口密度等，反映教育、公众认识与培训的指标有学龄人口增长率、成人识字率、教育投资占GDP的比重、女性劳动力占男性劳动力的百分比等，反映人类健康的指标有拥有地下管道设备人口占总人口的百分比、安全饮水人口占总人口的百分比、预期寿命、婴儿死亡率、产妇死亡率、总人口吸烟率、实行计划生育的妇女占育龄妇女的百分比、避孕普及率、医疗卫生支出额占GDP的百分比等，反映人类住区可持续发展的指标有城镇人口增长率、大城市数量、城镇人口百分比、因自然灾害造成的人口和经济损失、人均居住面积、住宅价格与收入的比率、上下班占用时间、人均基础设施支出额、住宅贷款等。

经济领域：反映发展中国家加速可持续发展的国际合作和有关的国内政策的指标有实际人均GDP增长率、人均GDP制造业增加值在GDP中的份额、GDP中用于投资的份额、人均EDP/用环境因素调整后的增加值、出口比重、进出口总额占GDP的比重等，反映消费和生产模式的指标有矿藏储量的消耗、年人均能源消耗量、已探明矿产资源量、已探明能源资源储量、制造业增加值中自然资源密集型工业增加值的份额、制造业商品出口额比重、原材料使用强度、再生能源的消费量与非再生能源消费量的比率等，反映财政方面的指标有资源转移净值/GNP、无偿给予或接受的ODA总额占GNP的百分比、债务额/GNP、债务支出/出口额、环保支出占GDP的百分比、环境税收和津贴占政府收入的百分比、自1992年新增或追加的可持续发展资金总额等。

环境领域：反映淡水资源方面的指标有每年减少的地下水和地表水占可利用水资源的百分比、国内人均水消费量、地下水储量、淡水中的杂质浓度、水中的BOD和COD含量、污水处理量等，反映海洋方面有关的指标有沿海地区人口增长率、排入海域的石油、氮和磷、海藻指数等，反映陆地资源方面的指标有土地利用的变化、土地条件的变化、分散型地区自然资源管理等，反映防沙治旱方面的指标有干旱地区贫困线以下人口比重、全国降雨量指数、受荒漠化影响的土地等，反映山区的指标有山区人口动态、山区自然条件及可持续发展利用的评估、山区人口的福利等，反映农业和农村可持续发展的指标有农药使用、化肥使用、人均可耕地面积、灌溉地占可耕地的百分比、受盐碱和洪涝灾害影响的土地面积、农业教育、农业的扩展、农业研究强度、农户的能源、农业的能源使用量、农业的能源等，反映森林方面的指标有森林面积、森林管理面积的比重、木材砍伐密度、森林保护面积占总森林面积的百分比等，反映生物多样性的指标有濒危物种占本国全部物种的百分比、陆地保护面积占全部陆地面积的百分比等，反映生物技术方面的指标有生物技术领域的研究与发展的支出、人员等，反映大气层保护方面的指标有温室气体排放量、氧化硫排放量、氧化氮排放量、耗损臭氧层物质的生产和消费、城镇地区的二氧化硫、一氧化碳、二氧化碳、臭氧和悬浮颗粒物的浓度、用于减少空气污染的支出额等，反映固体废物方面的指标有工业区和市政区废物的生成量、人均垃圾处理量、垃圾搜集和处理的支出、废弃物再生利用率、市区垃圾处理量、每单位 GDP 的垃圾减少量等，反映有毒有害物质方面的指标有化学品导致的意外严重中毒事件、禁止使用的化学品数量、有害物质生成量、有害废物进出口量、有害废物污染的土地面积、处理有害废弃物的支出额、放射性废物等。

制度领域：反映科学方面的指标有每百万人拥有的科学家和工程师、每百万人中从事研究和发展的科学家和工程师、研究和发展费用占 GDP 的百分比等，反映信息利用方面的指标有每百户居民拥有的电话数量、容易得到的信息印刷和散发的报纸的数量和种类、颁布的对环境影响和评价政策等，反映国家环境规划、可持续发展战略、可持续发展委员会、可持续发展国际协议、可持续发展立法、地方代表等方面的民意调查指标。

（4）生态文明指标体系。

我国较早提出生态文明概念的是生态学家叶谦吉（1984）。他认为生态文明其实就是人与自然关系的和谐统一，是人类受益于自然，反馈于自然，在对自然进行索取的同时，又是对自然的一种保护。陈墀成等（2014）认为生态文明建设着眼于实现人类现实的可生存空间，致力于维护地球自然生态系统的绿色屏障，将推进科技创新生态化转型。陆小成（2016）认为科技创新发展要深刻反思“技术合理性”、要注重生态文明建设的价值重塑。蔡木林等（2015）指出我国生态文明建设应更加重视科技发展战略工作，着重围绕国土空间开发与资源配置、生产生活消费、生态保护与建设以及环境保护等重要领域，瞄准核心问题，加强在低碳技术、绿色经济、生态恢复和环境治理技术等重要领域的科技战略布局。

从评价维度来看，申振东等（2011）制定了一套生态文明城市建设评价指标体系，涉及经济环境、生态环境、法治环境、生活环境和人文环境等方面。

杨志华等（2012）从生态活力、环境质量、社会发展、协调程度、转移贡献五个方面制定了我国省域生态文明建设评价指标体系。吴守蓉等（2012）构建了生态文明建设“四位一体”驱动模式和驱动模型，涉及政府、学术机构、企业和民众，并认为法律、政策、科技、文化等是生态文明建设的驱动要素。刘艳华（2012）认为居民的主观感受是城市的生态文明建设评价重要指标。谷树忠等（2013）将生态文明建设进行了分类，主要包括建设主体、领域、内容、手段四个方面。胡旭东（2017）提到，要想更好地实现可持续发展、和谐发展、绿色发展，需完善法律法规，确保其能够高效运行，并通过建立综合评价体系，增强政府的权力等措施来达到生态文明建设的目的。张志英等（2018）通过分析江、浙、沪三地 2008—2015 年生态文明建设现状，构建以生态经济发展、生态资源条件、生态环境治理、生态民生和谐四大系统的生态文明建设评价指标体系。刘春雨等（2019）从社会生活、经济发展和生态环境三个层面构建指标体系，利用变异系数确定指标权重，估算了泉州市新型城镇化发展水平。从评价方法来看，综合评价方法的运用也要通过客观与主观相结合的评价方法，包括数据包络分析、投入-产出 DEA 模型、加速遗传算法、生产率指数及灰色系统方程方法等。

3. 高质量发展存在的问题

我国经济已由高速增长阶段转向高质量发展阶段。金凤君（2019）认为在新的发展阶段，原有适应高速增长阶段的机制体制不仅很难继续支撑高质量发展，在一些方面甚至可能制约高质量发展。任保平（2020）认为“十四五”时期是高质量发展的加速落实阶段，需要进行思想大解放，以新发展理念作为发展观，对我国的经济发展方向重新定位，以解决高质量发展的思想理念导向问题。

具体到不同行业、领域，主要存在着以下问题。在生态环境上，张军扩（2018）认为生态环境、人居环境的短板依然突出，处理好经济社会发展与环境质量提升的关系仍然是今后需要努力的领域。在工业发展上，郭丰源等（2021）认为资源供需平衡和实现资源高效利用既是达到工业经济潜在增长率的必要条件，也是反映工业高质量发展水平的重要指标，然而目前我国资源平衡存在着资源禀赋不足、综合利用效率不高、供需不协调、区域不平衡等问题。在人才工作体系建设上，孙锐等（2021）认为构建面向高质量发展的人才工作体系是高质量发展阶段我国人才工作创新的一项重点议题，但当前人才资源开发还不能满足高质量发展的需求，人才制度和政策还不匹配高质量发展的目标，一些人才工作推动方式还不适应高质量发展的导向等问题仍存在，即我国人才工作与高质量发展还存在一定的协同性偏差。

4. 实现高质量发展的路径

高质量发展的实现路径由于研究领域的不同而有所差异。在经济上，苗勃然等（2021）认为经济高质量发展应着力产业结构优化、速度与质量并重、重视实体经济发展和高层次开放型经济发展。任保平等（2020）认为以新一代信息技术为基础、知识创新为内核、具有可持续性的新经济，是高质量发展新动能的培育来源。任保显（2020）认为，通过坚持创新引领，保证供给体系质量；协调好市场的决定性作用和有为政府的关系，促进区域间、城乡间协调发展；加快制度创新，推进服务业与制造业深度融合，提升流通效率；优化促进消费的体制机制，倡导绿色健康消费理念，提高消费质量等措施能提升省域经济高质量发展水平。

在一些特定行业中，夏显力等（2019）从产业体系、生产体系和经营体系三个方面分析了中国农业高质量发展的现状及痛点，认为市场需求为农业高质量发展指明了改革方向，以数字技术为依托的“数字乡村”建设为农业高质量发展提供了新动能。徐开娟等（2019）认为在体育行业中，要实现我国体育产业高质量发展，必须以运动项目产业高质量发展为核心，以重点区域体育产业高质量发展为支撑，以体育产业新空间高质量发展为突破。何强等（2019）认为我国能源高质量发展的三大主要目标是建设清洁低碳的绿色产业体系，打造清洁低碳、经济高效、安全可靠的现代能源系统，构建现代能源治理体系。王瑞峰等（2020）认为在新形势下研究中国粮食产业高质量发展问题具有重要的意义，可以通过兼顾效益与效率提升、兼顾适度进口与比较优势提高、提升农业生态可持续发展、加大粮食科技人才培养力度等方式助力粮食产业高质量发展。

2.1.2 生态环境监管

自党的十八大以来，我国推动生态环境保护决心之大、力度之大、成效之大前所未有。生态文明建设与经济、政治、文化和社会建设被置于同等水平。

1. 生态环境监管的内涵

生态环境监管是生态环境保护的基础。环境监管的制度内涵要求我们充分发挥国家宏观调控的作用，将环境监管纳入具体工作，理解国家管理的制度和理念。刘志坚（2014）认为，环境监管是政府部门对环境及影响环境的行为事项实施监督管理的工作活动。需要依法坚持在全国内布点、全面联网、自动预警、创建全面的环境事故问责制度，形成政府主导、各部门协同、全社会参与、公众监督的合力，以此构建新的生态环境监管模式。赵美珍（2015）认为，环境监管是指通过行政、法律等手段依法进行监督和管理，以规范和制约环境行为活动，减少对环境的危害，预防和遏制环境的退化、恶化，并维护环境利益，实现环境正义。黄信瑜（2017）表示，地方政府应在保护当地环境利益方面发挥重要的领导和指导作用，并承担第一监督责任。要将环境保护工作所取得的成绩作为政府部门的工作效能、效率的重要评估指标之一。还要做到环境监管工作的考核制度化、全面化、科学化，为实现有效的环境管理打下制度基础。此外，应重视公众参与，有关部门应发挥宣传的价值，使公众了解环保的含义，并主动参与环保工作。

促进经济高质量、可持续、绿色发展是生态环境监管的目的。人们在追求经济效率的同时，对环境也造成了严重破坏，有的甚至是不可修复、无法弥补的。在生态文明的视角下，应该充分落实科学发展观，积极调控经济，提升环境预警能力。张道广（2014）认为，要走可持续发展之路，充分落实科学发展观，把经济建设作为我国环境监管的总体目标。严健洋（2018）认为生态环境监管可以促进经济发展。为促进良好的经济循环，我们有必要集中精力进行资源和能源的整合，提高资源利用率，尽量不要出现各种形式的资源浪费。环境监管的出发点是建设生态型、可持续发展型社会，协调生态环境保护与经济可持续发展两者间的关系。在此基础上，有必要分析当地环境污染的现状，提出有针对性的改进和发展的建议，并着重评估管理和治理的总体效果，以实现可持续的社会和经济发展。

2. 生态环境监管指标体系

目前，许多学者构建了地方政府环境责任绩效评价指标体系，但较少有专门研究油气开发生态环境的监管评价体系。李静江等（2006）将环保指标纳入政府绩效考核体系，同时强调各级政府都应树立绿色 GDP 的观念。董秀海等（2008）将劳动力、资金和技术等作为输入指标，将环境质量、污染控制、环境建设和环境管理作为输出指标，评价了我国 10 年的环境监管治理绩效。郭国峰等（2009）从“三废”治理、环保人员和环境整治综合情况等方面的投入和产出对河南省部分城市环境污染治理绩效进行了评价。胡鞍钢（2009）将碳排放量作为产出因素纳入对经济增长的评估，将废水总排量和固体废弃物总排量作为环境指标纳入政府工作总体绩效的评价。颜金（2018）分析了影响地方政府环境责任的因素，认为地方政府环境责任绩效评价指标体系主要包括环境建设、环境管理、污染控制和环境质量 4 个部分。生态环境监管指标应随着时代的发展而调整和修改。牛希璨等（2019）从经济发展、环境投资、绿化情况和垃圾处理等投入指标和工业“三废”排放量等产出指标对华东六省的环境监管绩效进行了评价。2020 年，生态环境部印发了《生态保护红线监管指标体系（试行）》，其中包括面积、性质、功能、管理 4 个指标类型，共 15 个监管指标。其中，面积指标类型包含生态保护红线面积比例的 1 个指标，性质指标类型包含人类活动影响面积、自然生态用地面积比例等 4 个指标，功能指标类型包含植被覆盖指数、水源涵养能力等 7 个指标，管理指标类型包括公众满意度、生态破坏与环境污染事件 3 个指标。

3. 我国生态环境监管的历史沿革

经过改革开放 40 多年的发展，我国经济高速发展，社会生产力显著提高，人民生活水平不断提升，幸福感也日益增加。但与之对应的是环境污染和生态破坏问题愈发严重。在这种情况下，我国的生态环境监督体系也进行了一系列的改进和优化。

（1）启动阶段（1949—1978）。

新中国成立初期，政府的当务之急是通过大力发展生产力来恢复国民经济。虽然党的第一代领导集体也在生态环境方面做出了一定的努力，但由于当时我国的生产力还未达到较高水平，对生态环境的保护也因此受到较大限制。随着生态环境问题的日益加剧，我国逐渐认识到环境问题的重要性。1973 年，由国务院委托国家计委在北京组织召开的第一次全国环境保护大会揭开了中国环境保护事业的序幕。会议通过了《关于保护和改善环境的若干规定》，确定了“全面规划、合理布局、综合利用、化害为利、依靠群众、大家动手、保护环境、造福人民”的“32 字方针”，这是我国第一个关于环境保护的战略方针。从此以后，环境管理被正式纳入我国政府职能。

（2）探索调整阶段（1979—2011）。

改革开放后，1983 年国务院主持召开了第二届全国环境保护大会。会议将环境保护确立为基本国策，制定了中国环境保护的总方针、总政策，即经济建设、城乡建设和环境建设同步规划、同步实施、同步发展，实现经济效益、社会效益、环境效益相统一，实施“预防为主，防治结合”“谁污染，谁治理”“强化环境管理”三大政策。此外，会议还初步规划出到 20 世纪末中国环境保护的主要指标、步骤和措施。1988年我国政府决定成立独立的国家环境保护局（副部级）作为国务院直属机构，专职负责国家环保工作，城乡建设部不再兼职环保工作。1989年，第三次全国环境保护大会提出了新的五项制度，促进经济与环境协调发展。1996年，第四次全国环境保护大会明确了保护环境是实施可持续发展战略的关键，并提出了《污染物排放总量控制计划》和《跨世纪绿色工程规划》两大计划。由此全国开始展开了大规模的重点城市、流域、区域、海域的污染防治及生态建设和保护工程。1998年，国家环境保护局升格为国家环境保护总局（正部级），撤销国务院环境保护委员会。2006年第六次全国环境保护大会指出，要充分认识我国环境形势的严峻性和复杂性，充分认识加强环境保护工作的重要性和紧迫性，把环境保护摆在更加重要的战略位置。2008年，国家环境保护总局升格为环境保护部，成为国务院组成部门。2011年，第七次全国环境保护大会召开，会议强调要坚持在发展中保护、在保护中发展，要为人民群众提供水清天蓝地干净的宜居安康环境。在该阶段，我国实现了环境监管由事后处置向事前监管，由被动监管向主动监管的转变；生态环境的主管部门从国务院环境保护领导小组到环境保护部，从副部级到正部级，充分展现出我国生态环境监管体制的不断探索调整，环境保护和监管工作变得越来越重要。

（3）全面推进阶段（2012年至今）。

随着我国经济发展水平的提高，全社会对生态环境的认识不断加深。党的十八大以来，生态环境监管逐渐成为我国生态文明建设的有机组成部分，得到全面推进。

①政治地位提升。

从新的历史起点出发，党的十八大作出了“大力推进生态文明建设”的重要战略决策。2015年10月，十八届五中全会再次将“加强生态文明建设”列入国家五年计划。2017年，党的十九大报告明确指出：改革生态环境监管体系的措施包括加强生态文明建设的总体规划和组织领导，尽快建立国家自然资源管理机构，压制和果断惩罚一切破坏生态环境的行为。生态文明建设提为国家的千年大计。持续的战略部署，环境保护和监督工作达到了一个新的高度，反映了党和国家对生态的重视程度正在稳步提高。

②监管指标不断丰富科学。

实时监测和评估水、大气、固体废物等环境指标是监督生态环境的最直观、最有效的方法，也是加强监督手段的重要体现。王金南（2018）认为，近年来，我国环境指标的类型在实际操作过程中已经逐步整合完善，指标数据变化呈现出良好趋势，这表明我国的生态环境质量得到了一定程度的改善。

③监管法律体系不断完善。

健全的法律法规是开展生态环境监管工作，实现生态文明的重要保证和法制基础。2012 年党的十八大报告首次在中央文件中明确指出要把生态文明建设放在突出地位，融入经济建设、政治建设、文化建设、社会建设各方面和全过程。2015 年，以《中华人民共和国环境保护法》的修订及施行为标志，中国环境监管的立法和执法取得明显进展，其成为环境保护领域综合性和基础性的法律。到 2021 年为止，我国生态环境领域由生态环境部门负责组织实施的法律有 14 件，行政法规 30 件，部门规章 88 件，强制性环境标准 203 项，我国生态环境法律法规框架体系已基本形成，生态环境保护各领域已基本实现有法可依。

④绿色发展理念逐步形成。

荆克迪（2021）认为，21 世纪以来，在深刻认识到长期生态破坏带来的严峻问题后，生态保护力度逐步加强，环境治理理念逐渐从末端治理转变为源头防控。生态经济、绿色经济等新的发展理念不断提出。2015 年习近平总书记提出了“创新、协调、绿色、开放、共享”的新发展理念。如今，绿色发展已成为中国特色社会主义新时代的基本发展理念。深入贯彻绿色发展理念，必须坚持用最严格制度最严密法治保护生态环境，要建立系统完整的生态文明法治体系，实行最严格的生态资源的源头保护制度、损害赔偿制度、责任追究制度、生态治理与修复制度，将绿色发展理念贯彻于全面依法治国的具体实践中。

4. 我国生态环境监管的困境

（1）监管动力不足。

周伟（2019）提到 GDP 导向型行政评估体系中的“政绩冲动”与分税财政体制中的“财政饥渴”这两个名词，表明一些地方政府一味追求政绩评估，盲目追求本地经济发展，而忽略了生态环境保护的重要性。由于缺乏激励机制和遏制机制，不能有效调动地方部门的监督积极性，导致生态环境监管的内驱力不足。王永钦等（2007）认为需要改进政府绩效评估机制，主要是对地方政府以 GDP 为基础的相对绩效评估体系进行调整和完善，引入环境保护、社会治理等权重指标，以此来降低前期 GDP 导向绩效评估带来的负面效果。

（2）监管碎片化。

生态环境问题不仅涉及水、大气、土壤等方面，还涉及工业、农业、国土、水利、交通、住建等领域，因此需要进行系统性、整体性、协同性监管。然而由于生态环境监管责任还不够严明，系统化建设启动时间不够长，各部门之间职能分散和权力博弈，我国有的地方部门在操作落实上缺乏整体思维，监管碎片化。例如在水污染监管过程中，最常出现的就是“九龙治水”困局。水利部门、国土部门、城管部门等各部门长期在各自的“领地”分而治之，责任推诿，选择性地挑选对自己有利的问题作为抓手，从而规避问责的风险点。环保部门虽然是生态环境主管部门，但是工作仍然需要其他部门的有效配合才能落实监管。因此，监管碎片化是我国生态环境系统化保护的巨大挑战。

（3）监管效率低下。

周卫（2019）认为，环境问题管理效率低下通常是跨部门、多部门合作导致机构冗杂，或者使职能重合，同时各个部门之间缺乏有效的沟通和协调机制，造成信息失真、不准确、传递效率低。因此，需要有一个领头部门来做好全面的统筹工作，以便有效地开展生态环境监管工作。曲艳敏等（2018）在借鉴美国海洋油气开发环境保护管理的基础上提出，有必要构建完整的监督管理体系。依照法律规定赋予生态环境监管执法机构独立行使监督的权利，并且保障其行为活动不受其他行政机关、社会团体和个人的干扰。要善于运用经济手段，以罚款带动管理，并将其作为立法原则之一。这不仅可增加违法违规的成本，还可以减少政府监管成本。王惠娜等（2019）认为，地方部门受到设备和技术以及人员素质的限制，对于企业排放污染物的种类、浓度的鉴定需要时间较长，而处罚程序从取证、立案、告知到最终执行本身也较为耗时。同时因为监管方面的投入无形中增加企业的生产成本，在一定程度上影响经济的发展，所以多数地方政府都重治理轻监管，基础设施建设中的环保经费占比大，而环保监管这一方面的经费比重则相对较小，最终还是导致监管效率低下。

（4）监管能力不足。

郑坤等（2020）认为该问题主要表现在三个方面：一是专业化人才缺乏，同时普通监管人员没有专业知识和技能支持，导致监管力量不足；二是监管物资配置不到位，例如车辆是执行环境监管工作的必要保障，但地方上环境执法用车需要层层审批，调配时间长，造成环境监管效率低下；三是经费短缺，监管资金配套是落实监管政策以及监管执法的关键，但目前地方上普遍存在环保资金缺少或分配不平等的现象，不能维持监管机构的正常运转。赵美珍等（2011）提出，有必要加强生态环境监管能力建设，提高队伍的专业素养。应通过法律法规明确监督队伍的执法权力，以确保监督队伍的权威，并为他们提供执法所需的设备和工具，确保执法团队具有行使执法权的能力。建立科学严谨的团队选拔机制，确保团队素质，提高团队的基本技能。除此之外，有必要优化财政资金的分配，特别是在对执法人员的培训方面，以保证一定的资金投入并建立与环境监管和执法人员相匹配的薪酬体系，增加环境监管和执法人员的工资。曾贤刚等（2015）提出需要提高环境监管的执行力，政府应按照环境监管标准化的要求，切实保证执法和监管经费充足，同时重视环境监管人才队伍培养和建设。

5. 国外油气开发生态环境监管的经验

1859 年，在美国宾夕法尼亚州的泰特斯维尔（Titusville）第一口现代工业油井被成功钻出，世界现代石油工业正式拉开帷幕。以此为标志，欧美国家开始大力开发油气资源。在经历了 100 多年的发展之后，欧美国家率先建立起了较完善的油气开发环境监管体系。而我国油气开发始于新中国成立之后。以 1959 年大庆油田的发现为标志，我国正式甩掉了“贫油国”的帽子，进入油气全面开发建设阶段，先后开发了塔里木、渤海和长庆三大主力油气田。2012 年后，我国开始大力发展页岩气。四川由于其巨大的储量优势，成为我国页岩气开发的主战场。然而，我国的油气开发，特别是页岩气开发尚处于起步阶段，更应借鉴国外页岩气开发的经验和教训。

（1）美国。

美国的环境监管模式要求联邦政府负责制定有关油气开发环境监管的法律，监督主要由州政府和国家环保部门负责，地方负责执行联邦环境法规和州环境法规，具体的监管政策由当地政府提出，在油气生产过程的每个环节都考虑了当地特殊性（范真真等，2019）。王莉（2016）等发现，在美国油气开采的早期，环境问题是相对严峻的，后来各州颁布了相关新法规，对开发中存在的耗水量大、污染地下水、因气体泄漏造成的空气污染等隐患采取了相应的监管、预防和处理措施。例如，通过技术手段对污水进行处理，达标后排放到地表水中。页岩气开采中大部分用水均来自回收处理的水，一定程度上减缓开采地区水资源短缺问题。

（2）加拿大。

除美国外，加拿大是另一个拥有先进油气开采技术和完善环境监管机制的国家。耿卫红（2016）指出，油气开发过程中有指定项目需要接受环境评估，并结合公众的反馈意见，形成环境评价报告。环境部部长会结合报告给出项目可能造成环境危害的裁定意见。同时，加拿大政府通过资金和技术方面的支持让高校和机构开展油气绿色开发技术的研发。除政府设立专项资金外，还让研

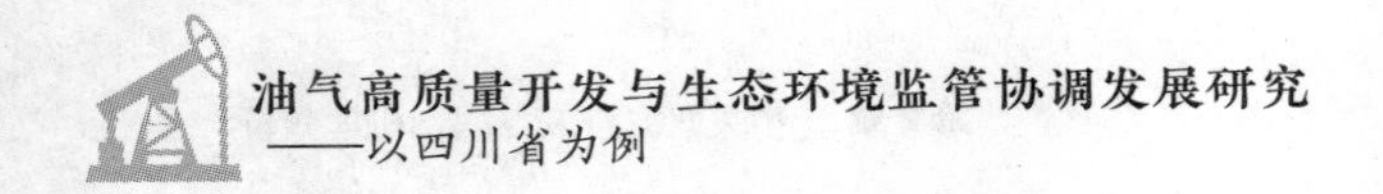

究机构和私人石油公司共同成立产业内技术研发项目，专门针对页岩气进行技术攻关和研发。

（3）英国。

英国积极推动页岩气开发，对环境保护愈发重视。英国首先成立了新的监管机构对页岩气开发地区进行独立监测，并邀请开采区当地的居民一起进行环境问题的调研和科普，提高公众对页岩气产业的信心，确保当地居民对其所在区域的页岩气开发和勘探拥有话语权（赵国泉，2013）。温馨（2019）提道，在英国，企业要想获得钻井许可需要经过多个流程，如开发许可证、环境许可证，才能够被授予开采权。程鹏立（2016）指出，在环境监管机制方面英国政府还成立了专案审查小组，发布关于油气项目规划和监管的报告。通过明确各机构之间的责任分工，强化项目审查和监测力度，以便更有效地督促油气开发商加大与当地社区的合作。

2.1.3 高质量发展与生态环境的相互作用关系

1. 经济高质量发展与生态环境耦合研究

刘德强等（2018）通过构建生态环境与经济发展评价指标体系，测度2000—2015年中国以及30个省（区、市）生态环境与经济发展的耦合度和耦合协调度，结果发现其总体上呈现明显上升态势。龚贤等（2019）基于2000—2017年的数据，测算了成都市经济高质量发展和生态环境高水平保护的耦合协调度，研究得出，党的十八大以来，生态文明建设理念不断深入人心，成都市经济发展和生态环境呈现出“高水平协调”状态，经济发展的后劲越来越大。崔盼盼等（2020）基于2012、2015、2017年黄河流域9省（区、市）数据，构建了黄河流域生态环境及经济高质量发展水平评价指标体系，并根据生态环境与经济高质量发展水平的耦合关系，提出了统筹管理与因地制宜相结合的耦合协调发展策略。

2. 油气高质量开发与生态环境耦合研究

产业发展水平与环境保护程度息息相关。但是关于油气高质量开发与生态环境耦合的研究较少，现有研究多集中在环境规制与产业发展的相互影响方面。张红凤等（2009）认为，我国油气行业的发展不可避免地对生态环境产生了一定的负面影响和破坏，环境保护或规制能有效减少产业污染物的排放。黄庆波等（2013）通过分析海洋生态补偿机制的理论基础，结合我国海洋生态补偿的现状，初步构建了我国海洋油气资源开发的生态补偿机制，并提出相应保障措施。王甲山等（2016）认为油气资源开发对生态环境的破坏主要是废气、废水和固体废物的产生，因此以环境税费为切入点，提出开征环境保护税、扩大水土保持补偿费征收范围、取消石油特别收益金等建议。

3. 其他行业高质量发展与生态环境耦合研究

轩福华等（2012）将旅游开发与生态环境的耦合关系分为正向耦合和负向耦合。其中正向耦合是指旅游效益上升，生态环境良好，二者保持一种互相促进的积极状态；负向耦合是指旅游开发效益下降，生态环境恶化，二者呈现一种互相削弱的恶性循环的趋势。他们还基于此发现了哈尔滨市旅游开发与生态环境经历了由负向耦合向正向耦合的转变。汪中华等（2015）研究了内蒙古矿产资源开发与生态环境的耦合协调发展程度，结果表明两者处于协调发展阶段，但二者的耦合协调度却较低，需加大生态环境保护力度，以促进矿产资源开发和生态环境协调发展。李国敏等（2019）从系统论视角，将煤炭行业看作由经济、生态和安全 3 个子系统耦合而成的开放型耗散结构系统，构建了基于耦合协调度的煤炭行业高质量发展评价模型，发现坚持生态环境修复是山西省煤炭行业发展质量提升的关键。焦琳惠等（2021）以甘肃省农业高质量发展为着眼点，对甘肃省 2009—2018 年农业高质量发展水平和制约因素进行分析，研究发现农业科技创新是制约甘肃省农业高质量发展的主要因素，人力资本和生态环境保护是甘肃省农业高质量发展的主要短板。

2.1.4 文献述评

第一，就高质量发展相关研究而言，目前学界对于高质量发展的内涵研究较为成熟，大都认为“创新、协调、绿色、开放、共享”五大发展理念是高质量发展的核心内涵。在指标体系的构建中，根据应用范围的不同，学者们也基于五大发展理念构建了不同的指标体系；同时，对高质量发展存在的问题及发展路径的研究也颇为丰富。然而，目前关于高质量发展的研究主要集中在经济方面，对特定行业、产业的研究相对较少。

第二，就生态环境监管相关研究而言，研究成果主要集中在监管不力的成因及提升监管水平的措施方面，并且多停留在定性研究层面。在生态环境监管指标体系的建设中，现有研究多针对地方政府环境责任绩效构建模型，且监管研究较为单一，与产业发展的结合不充分。

第三，就高质量发展与生态环境耦合相关研究而言，现有对耦合的研究集中在经济、旅游、农业等方面，在能源方面的研究较少。另外，生态环境子系统侧重于环境水平、环境保护，以政府为主体，着眼于环境监管的研究较少，很难体现在高质量发展过程中，政府对环境的监管变迁历程及其与高质量发展的相互影响。

本书在高质量发展背景下，深入开展四川省油气开发与生态环境监管的耦合研究，在文献回顾和实地调研的基础上，首先构建油气高质量开发和生态环境监管两大子系统，再进一步构建四川省油气高质量开发与环境监管的耦合协调度模型。根据耦合度评价，找出影响四川省油气高质量开发与生态环境监管的耦合协调的原因，并对促进四川省油气高质量开发与生态环境监管的耦合协调发展提出对策建议，以期对四川省实现油气行业高质量发展和深化生态文明体制改革做出贡献。

2.2 核心概念界定

综上所述，本书对油气高质量开发、生态环境监管以及两者的耦合概念做出如下界定。

2.2.1 油气高质量开发

能源安全是关系国家经济社会发展的全局性、战略性问题，推动能源高质量发展具有重要意义。油气能源在能源体系中居于核心地位，油气高质量发展始于高质量开发。作为我国油气开发的大省，四川省油气高质量开发对保证我国的能源安全与实现能源经济结构的转型具有重要意义。基于此，本书将油气高质量开发定义为在高质量发展理念指导下，以清洁、低碳、高效、安全为核心的、具有生态性和可持续性的油气开发行为。

2.2.2 生态环境监管

四川省油气开发的生态环境监管内涵，是指地方环保部门以保护和改善油气开发区域及周边环境为目的所做的相关活动，包括计划、协调、督察和指导。基本内容包括对油气开发相关的环境保护进行有效规划，协调相关环境保护工作的政策和立法，检查、督促和指导各单位和部门科学开展环境监管工作，有效贯彻实施环境保护法。

2.2.3 油气高质量开发与生态环境监管的耦合

对于油气高质量开发与生态环境监管的耦合，是指油气高质量开发和生态环境监管两大子系统相互作用而彼此影响以至协同运动的现象。二者的关系并不仅仅只是经济学上的促进或抑制关系或者行政学的监管主体与客体关系，而是相互作用、相互影响的非线性的负反馈关系，在不断改变自身的同时改变着对方（图 2—1）。

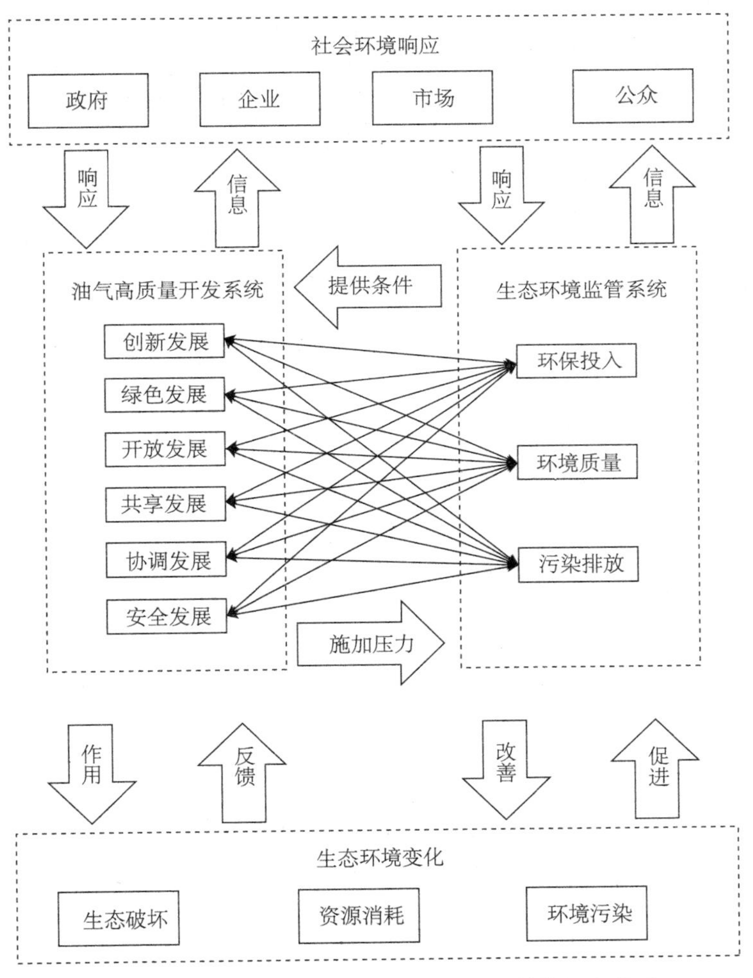

图 2—1　油气高质量开发与生态环境监管的耦合关系

油气高质量开发和生态环境监管在时序上高度耦合，油气高质量开发的过程是对自然资源内化的过程，在生态环境监管系统的支撑与限制作用下，油气高质量开发朝着特定发展方向演进，油气高质量开发离不开良好生态环境监管的支撑。同时，油气高质量开发对生态环境监管系统结构、功能、效用等也会产生强烈的干预作用，是生态环境监管演化的重要推动力，适度的油气高质量开发产生的经济效益能促进生态环境监管系统的健康发展。

如果在油气高质量开发的过程中忽视了生态环境监管对生态环境的改善作用，那么生态环境系统有限的供给能力和抵御外部干扰能力就会受到损害，生态环境系统会通过生态破坏、资源消耗、环境污染等反馈形式制约油气的高质量开发。因此，油气高质量开发与生态环境监管两者之间的耦合关系主要体现在生态环境监管对油气高质量开发的约束作用和油气高质量开发对生态环境监管的胁迫作用上。油气高质量开发既影响着生态环境监管的发展，又受到生态环境监管系统的制约。

第3章 四川省油气开发的生态环境监管现状与困境分析

3.1 油气开发生态环境监管的现状

3.1.1 油气开发生态环境监管的主体

1. 环保职能部门监管

从环保职能部门监管来看，中央和地方相关部门会根据行政级别和机构性质分配相应的监管权，地方政府要接受中央政府的管理。依行政级别排序，我国油气开发的生态环境主管部门依次为中华人民共和国生态环境部、省级生态环境厅、市县级生态环境局。油气开发环保监管除了环保部门，还涉及发改委、能源、自然资源、水利、应急管理、交通及农业农村等部门机构，如图3-1所示。

行政权限划分导致权力分散，进而造成油气监管效率不高、执法冲突等问题。如何整合监管权力、提高监管效率是油气管理机制改革急需解决的现实问题。目前，四川省油气开发区域现行环境监管体系主要包括四川省油气开发区域范围内的各级政府，区域内环境行政主管部门、发改委等其他相关部门。其中，各级政府发挥统一指挥、协调的职能，区域内环境行政主管部门直接负责油气开发中环境问题监管，制定油气开发的环境监管标准、规范和政策，根据《中华人民共和国环境保护法》等相关法律法规对违规行为进行处罚。发改委负责制定油气开发中环境监管的战略规划。建设、农业、交通等其他相关部门在各自权责范围内配合四川省油气开发的环境监管。主要监管部门在四川的分工情况如图3-2所示。

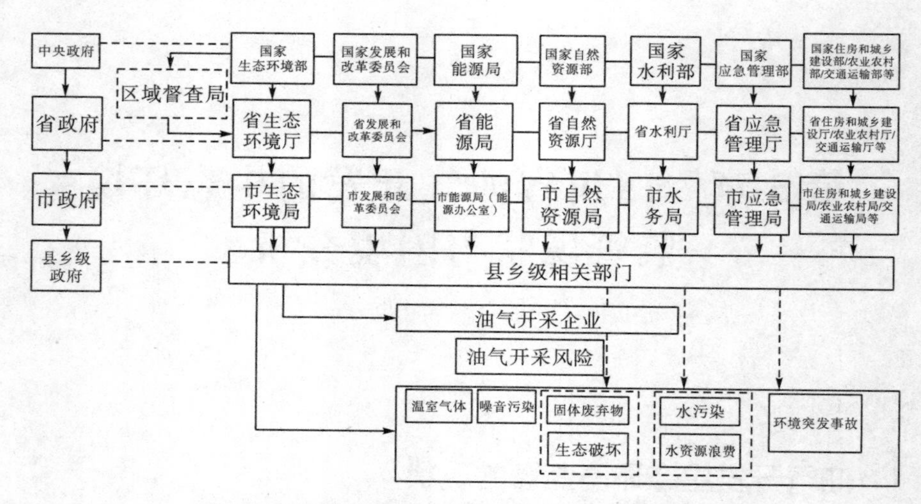

图 3－1　我国油气开发生态环境监管主要部门机构

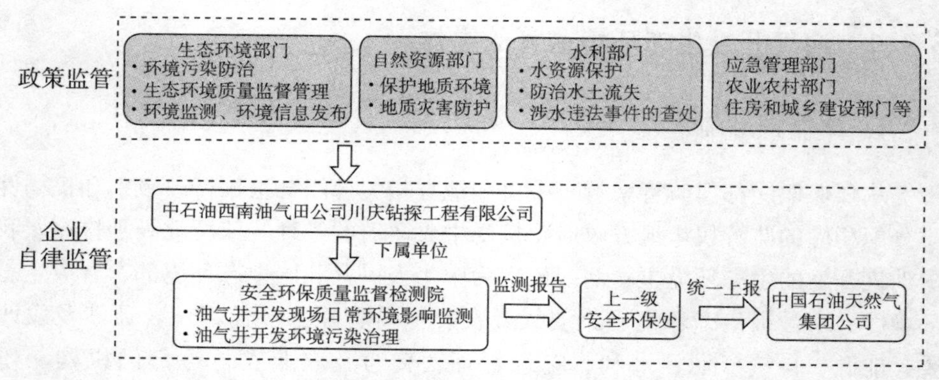

图 3－2　油气监管主要部门分工情况（以四川省为例）

我国油气开发环保准入的最强抓手就是环评报告。在油气获得开发许可之前，须提交环评报告书。以四川省为例，油气开发的环评报告直接由四川省生态环境厅进行审批。此后四川省生态环境厅将根据环评报告书对油气开发工程加以验收。除省级政府环保职能系统外，国家生态环保部还建立了西南督查局负责对西南地区的环境保护情况进行抽检和明察暗访，协调各部门进行跨区域环境监察工作。

2. 企业自律监管

经过多年的实践，我国油气开发企业已经初步形成了一系列较为完善的环保自律制度，如 QHSE 管理体系（质量 Quality、健康 Health、安全 Safety、环境 Environment）等。部分企业内部设有环境监测系统，如四川省的中石油西南油气田公司就设立了环境监测中心，其主要工作是对大气排放口、污水排放口等进行监测，通过实时监控，确保仪器设备正常运行。

3. 第三方监管

目前环境监管地方职能部门主要通过审批环评报告、验收环评工程等来强化监管，今后的发展趋势是通过环境监理或许可证制度来强化环保监管职能。因此，企业的环境监管单位可能逐步剥离出去，成为独立的第三方技术服务机构，为企业和环保部门搭建桥梁，推进施工过程中环保问题的解决和环保措施的落实。

3.1.2　油气开发生态环境监管的法律法规

1. 国家层面

与国际主要油气生产国不同，我国油气勘探开发主要受以下相关法律法规的保护与制约：

《中华人民共和国矿产资源法》
《中华人民共和国环境保护法》
《中华人民共和国环境影响评价法》
《中华人民共和国土地管理法》
《中华人民共和国水法》
《中华人民共和国水土保持法》
《中华人民共和国水污染防治法》
《中华人民共和国大气污染防治法》
《中华人民共和国固体废物污染环境防治法》
《中华人民共和国环境噪声污染防治法》
《中华人民共和国清洁生产促进法》
《中华人民共和国循环经济促进法》
《中华人民共和国野生动物保护法》
《中华人民共和国突发事件应对法》

此外，石油天然气行业对涉及能源勘探开发过程中的环境保护与监管也编制了相关标准，如《环境影响评价技术导则总纲》《水污染治理工程技术导则》《大气污染治理工程技术导则》《地表水环境质量标准》《地下水质量标准》《环境空气质量标准》《声环境质量标准》《土壤环境质量标准》《陆上钻井作业环境保护推荐作法》《陆上石油天然气生产环境保护推荐作法》等。涉及石油天然气环境保护的部门规章主要有《环境标准管理办法》《环境行政处罚办法》《海洋行政处罚实施办法》。

2. 地方层面

四川省油气开发以天然气开发为主，天然气产量占油气总产量的95%以上。同时，四川省也是全国页岩气储量最为丰富和最早进行页岩气勘探开发实践的省份，拥有全国首个国家级页岩气开发示范区——长宁—威远开发区。四川省政府印发的《四川省页岩气产业发展2016年度实施计划》指出，由四川省国土资源厅、中石油西南油气田公司、中石化西南油气田牵头推进油气勘查开发领域关键环节改革，向国土资源部申请开展“部、省、市、县”四级油气督查制度改革，强化地方油气督查力度。2018年，四川省环境保护厅组织制定了《四川省页岩气开采业污染防治技术政策》，旨在合理开发四川省页岩气资源，减轻环境污染和生态破坏，促进页岩气开采业技术进步和可持续发展。此外，四川省早在2015年就成立了全国首个页岩气专家咨询委员会。专家咨询委员会设主任委员1名，由罗平亚院士担任，来自国土资源部、中石油西南油气田公司、中石化西南油气田、中石油川庆钻探公司、成都理工大学、西南石油大学、四川省环境保护科学研究院等单位的36名省内外产学研专家担任委员。专家咨询委员会下设资源勘探、钻完井和开发、安全环保、装备制造、政策与经济分析5个专家咨询分委员会，分别承担相应技术领域的职责。

我国目前涉及油气行业的环境监管制度主要包括法律中明确规定的九项基本制度，具体内容见表3-1。此外，环境保护法还规定了环境计划、环境监测、环境标准及环境状况公报等各项制度。

表3-1　油气行业环境监管制度一览表

环境监管制度	制度名称	内　容
“老三项”	“三同时”制度	建设项目中防治污染的设施，应当与主体工程同时设计、同时施工、同时投产使用
	排污收费制度	向环境排放污染物或超过规定的标准排放污染物的排污者，依照国家法律和有关规定按标准交纳费用
	环境影响评价制度	在某地区进行可能影响环境的工程建设时，在规划或其他行动之前，对其活动可能对周围地区环境造成的影响进行调查、预测和评价，并提出防止环境污染和破坏的对策，制定相应方案

续表

环境监管制度	制度名称	内　容
“新五项”	排污许可证制度	凡是需要向环境排放各种污染物的单位或个人，都必须事先向环境保护部门办理申领排污许可证手续，经环境保护部门批准并获得排污许可证后方能向环境排放污染物
	限期治理制度	对造成环境严重污染的企事业单位，由相关国家机关依法限定其在一定期限内完成治理任务，相关企事业单位必须如期完成治理任务
	污染集中控制制度	要求在一定区域，建立集中污染处理设施，对多个项目的污染源进行集中控制和处理
	综合整治定量考核制度	通过定量考核对城市政府在推行城市环境综合整治中的活动予以管理和调整
	目标责任制度	通过签订责任书的形式，将环境质量责任具体落实到各级政府和产生污染的单位
污染物总量控制	污染物总量控制制度	以环境质量目标为基本依据，对区域内各污染源的污染物排放总量实施控制。污染物的排放总量应小于或等于允许排放总量。区域的允许排污量应当等于该区域环境允许的纳污量

3.2　四川省油气开发生态环境监管的执行

四川省油气勘探开发主要由中石油西南油气田公司、中石化西南油气田和南方公司负责，其中以中石油西南油气田公司为主，其下属的川庆钻探工程有限公司安全环保质量监督检测研究院（以下简称川庆公司）是全国石油行业唯一集安全环保监督服务、技术检测评价服务、安全环保工程服务为一体的科技型企业。

以川庆公司为例，其在油气特别是天然气勘探开发过程的环境监管工作主要包括以下几方面的内容。

3.2.1　污染物的监测

目前对天然气的监测主要是对水、固体废物、气的监测，监测标准按照各项国家标准进行。

1. 对水的监测

该部分主要涉及对非常规天然气即页岩气的水环境影响的检测。首先是完井压裂时所用驱水量。一口井的压裂液一般有2万到2.5万立方米。但由于地层及地质条件的不同，初期压裂液的返排率在20%到30%之间。其次是返排液的处理方式。目前，返排液基本用于回用，其中大部分被回用于压力液（压力液对于水质的指标要求比较宽泛，返排液能满足回用标准），小部分被回用于钻井液，总回用水平保持在95%以上。再次是其他用水的处理方式（主要指未能回用部分和钻井完结的情况）。针对此部分水的处理，目前存在两种方式。一是由第三方污水处理厂进行处理，达到排放标准后再排放。二是处理后达到回注标准的，经过回注井进行回注。最后是钻井废水和洗井废水的处理。钻井的用水量比完井的用水量小得多，每口井在1000立方米左右，且85%以上可以重新用于配制钻井液。有10%左右的废水需要第三方污水处理厂处理。洗井废水的用水量在100立方米左右，与一部分钻井废水共同由第三方污水处理厂进行处理。

2. 对固体废物的监测

固体废物则按照环评标准进行处理。一般采用填埋的处理方式，即在井场周边修建填埋池，用于防渗和填埋。在作业中和完井验收后期井搬走后，还要对固体废物进行跟踪监测。固体废物一般用浸出液来监测。按照国标或者西南油气田公司的无害化治理标准，浸出液的标准包括pH值、色度、石油类、COD等。油气固体废物最主要的就是油基钻井岩屑，因为其含油比较高，大多含油20%左右。一般采用现场分级处理，一级处理之后含油比大约降低到5%到8%。进一步现场处理完，含油比降到在2%左右。这些废弃物组成特点存在很大差别，其中油基钻井岩屑是国家规定的危险废弃物。四川省现在主要将页岩气开采过程中的污染物分为非危险废弃物和含油危险废弃物。现场处理主要是人工加机械的半自动化或间歇式处理。

3. 对气的监测

目前天然气开采产生的主要气体是甲烷，产生于完井之后的测试放喷，在此过程中，会有少量的天然气放出，一般采用点火燃烧的方式进行处理，对大气的影响几乎可以忽略。其次，氮氧化物产生于钻井期的柴油机带动发电，这对区域环境的影响是极有限的。对气的监测涉及每一个开发商和钻井项目。

3.2.2 文件档案材料的管理

企业内部设立了档案馆，主要将监测报告、数据定期进行归档，保管期在5年以上。政府如果需要，可以通过川庆公司安全环保处获得。所有的勘探开发监测数据和报告都是按月汇总并上报给上一级的安全环保处，由安全环保处综合后报给集团公司，再进一步向外公布。其他机构或组织如果需要了解相关数据，必须要通过集团公司，不允许下属单位向外部公布数据。

3.2.3 风险防控与应急处置

川庆公司制定了一套针对环境污染突发事件的应急预案，并建立了突发事件应急指挥中心。事故分为三个级别，事故发现人会根据事故的级别第一时间进行处理。

1. 小事故

所在作业区域在自己控制范围内处理，井队各有应急处置机制、储备。

2. 二级单位无法控制的事故

随着突发事件级别的升级，会上报二级单位，二级单位如果控制不了，会直接报给川庆公司的应急部门。在应急事故中，检测和后期监测由应急检测中心负责，并第一时间配备人员和应急检测车到达现场。相关便携式设备是比较齐全和先进的，能够基本满足应急现场的监测需要。

3. 大事故

建立了相关部门联动机制，与当地消防、公安和应急管理部门保持联系，应急机制相对完善。另外，在进行油气勘探开发时，把水源地、自然保护区、穿（跨）越河流输油管线、敏感区周边建设的油气田场（站）等作为风险监控重点，督促重点油田开发企业委托有资质机构开展环境风险评估，编制突发环境事件应急预案，在重点河流、水源保护区开展应急演练，不断提升环境风险防控和应急处置能力。

3.2.4 环保政策落实与执法处置

对所有入驻开发的油气企业，严格落实环境影响评价、环保“三同时”、排污收费等环保行政许可制度。此外，近年来市、县两级持续开展了整治违法排污企业，保障群众健康专项检查等多项专项执法检查，由市级层面组织联合督查组，定期不定期深入油气开发区开展现场执法检查，加大对违规违法行为的查处和整顿力度。

3.2.5　数据平台建设与污染源监控

中石油集团公司设立了污染源在线监控中心。生态环境部可以实时看到相关数据，国家规定的特定的断面、监控区可以联网，以便信息共享。监测属于第三方（社会环境监测机构现已推向市场），政府只是执行监督监管职能，盈利性的监测均推向市场。值得注意的是，在作业过程中，地方政府部门也会定期出检、抽检。

3.3　四川省油气开发生态环境监管的困境

随着社会经济的快速发展，人类对石油与天然气的需求日益增加，而油气资源的过度开发利用给环境带来的负面影响也越来越突出。石油和天然气勘探开发的环境问题（特别是四川省重点发展的页岩气产业），一方面是受到全球整体气候大格局的影响，在开发过程中不可避免地破坏环境，引起水污染、大气污染、土壤流失、放射性污染等；另一方面是人为因素导致的环境风险。本节主要分析人为因素。

3.3.1　相关法律制度及技术标准缺失

监管制度、环境保护的法律法规等都是进行环境监管行为的基础和指导，环境监管的相关法律的缺位，将极大影响环境监管的实施进展。我国目前有《环保法》《环境标准管理办法》等相关法规文件，四川省也出台了《四川省环境质量标准》《地方污染物排放标准》等相关的法律法规来规范油气开发企业的行为，但尚未有针对页岩气勘探开发生产的环境监管法律法规或政策规定，没有制定专门针对页岩气开发建设项目的环境影响评价指导文件，也基本没有针对页岩气开采行为的规定或标准。而页岩气产业作为四川省重点发展的行业，也是油气开发过程中环境风险最为突出的项目，相关环境保护法律法规以及技术标准的缺乏会导致相关环境保护和监管部门的执法无章可循，从而造成四川省油气开发过程中环境保护和监管方面压力倍增的局面。

3.3.2 环保监管职能部门条块分割，未形成有效监管机制

从监管的视角出发，无论是常规天然气还是像页岩气这样的非常规天然气都应该由一个监管机构统一监管，而我国目前并没有针对常规和非常规天然气的统一监管机构。我国针对油气行业实行多部门共管的行政管理体制，即具体管理职能分散在不同的部委（如图3-1所示）。国家发改委负责油气定价，国家能源局负责油气资源的发展战略规划和发展政策的制定，自然资源部负责油气资源的矿权管理和油气勘探开发的监督管理，财政部和国家税务总局负责制定相关税收政策和油气项目中国家的投资管理，生态环境部则致力于制定油气开发的环境监管标准、规范和政策以及开发过程中的环境监管等。涉及油气开发的环境监管机构及职能较为分散，同级监管机构间的沟通协调和上下层级间的监督效率较低。譬如：油气开发消耗大量水资源，但水利部却没有参与水资源的分配利用管理；生态环境部、住房和城乡建设部及卫生健康委员会在环境保护、环境治理和企业监管方面也存在职能重叠。这种多部门管理与职能交叉，影响了页岩气开发环境监管效率的提高。

同时，现行条块分割管理模式使得油气行业行政管理部门在制定油气发展规划、管理政策以及监管措施的过程中，过于强化资源管理、产业发展等部门利益，油气行业行政管理部门与环保部门协调沟通不足，对油气开发的环境风险防控重视不够，各部门无法形成有效的协同效应，容易导致个别开发企业抓住制度缺失漏洞，忽视生态环境保护，使当地生态系统及居民生存环境面临风险。

3.3.3 较多依靠企业自律的监管实践存在环境隐患

国土资源部为推进矿权制度的市场化改革，在2012年第二轮油气探矿权招标中有意放宽了对投标人的资质要求，民企参与热情空前高涨。但是，部分投资主体缺乏油气开采作业的技术及经验，出现了盲目引进国外油气开采公司技术的现象，由此带来的潜在环境风险大幅增加，环保部门防控难度加大。

目前我国对油气开发活动的环境监管，主要依靠油气公司依据行业标准和自身HSE（健康、安全与环境）标准体系的自律行动。据了解，中石油、中石化等国有企业均制定了QHSE标准体系用于指导油气开采作业的安全生产和环境保护实践。但是，由于允许民营资本进入，很多原来不从事油气开采的企业并不了解油气开采的环境风险，在没有统一的环境标准加以规范和指导的背景下，环境风险防控难以到位。

3.3.4 专业监管能力与监管保障不足

从体制上看，当前地方环境监管不独立，容易受到地方政府意志的影响；高资源禀赋区的地方环境监管部门无力与油气开发国企博弈。从监管保障上看，地方环境监管机构在专业技术、人员素质、监管设备、监管经费上都存在巨大缺口，导致独立监管能力不足的问题长期存在。从监管对象上看，油气开发企业目前主要是大型央企，其通过企业内部自律实现开发环节的污染防治，对技术和信息的掌握远胜过大多数监管部门，尤其是地方监管部门。

在油气开发实践中，政府对环境风险的控制主要通过环评和现行的环境准入制度进行管理，开发过程中的环境防控主要依靠企业自律，较少有专业的第三方监管队伍对油气的每一口井进行全过程的监管，油气开发现场的环境监管不到位，政府部门缺乏执法的有效依据和具体细则。这些环境管理制度的缺失和不完善都不利于对油气开采环境风险的有效控制。

3.3.5 环境监管信息不对称，缺乏有效的共享机制

由于油气开发具有较高的信息壁垒，企业与政府间、油气企业间、企业与公众间存在较严重的环境影响信息不对称。油气开发区域的地方政府部门会通过官方网站公开部分油气开发生产的相关信息，但这些信息绝大多数都由企业自己呈报，而非政府监管部门亲自调研取得，准确性和客观性可能存在一定偏差。

此外，个别油气开发生产的企业为了追求经济收益而设法降低成本，隐瞒开发生产的环境污染信息，导致油气开发生产的企业和被开发区域的当地公众之间容易形成对立关系，此时如若地方政府出于保护自身利益或防止承担失职责任等动机而选择信息保护，三者之间对自身利益点的诉求会阻碍着油气开发的环境监管信息的有效共享，从而会进一步加剧油气开发中环境监管信息的不对称。

第 4 章　四川省油气高质量开发与生态环境监管指标体系构建

根据自然资源部组织的“十三五”资源评价，四川盆地天然气总资源量有38.84万亿立方米。几十年来，四川盆地汇聚起了中石油西南油气田公司、中石油浙江油田分公司、中石油大庆油田、中石化西南油气田、中石化江汉油田、中石化中原油田等多家石油企业，发现了以安岳气田、涪陵页岩气田、元坝气田等为代表的132个油气田。2019年，中石油西南油气田公司新增天然气探明储量7000亿立方米，累计探明天然气地质储量达到3.35万亿立方米。然而，四川盆地油气开采的难度巨大，盆地内气藏普遍具有高温、高压、高含硫的“三高”特点，对技术、管理和外部环境等方面都有极高的要求。就四川盆地的储层物性而言，按照国际标准，总体都是非常规，包括广为人知的龙王庙气藏也只有7%～8%的孔隙度，开发难度非常大。同时，油气资源的开发也给四川的发展带来了一定的困扰。在油气田的开发过程当中，产生的废气和各种烃类物质的泄漏，对大气环境会造成污染风险，洗井作业、钻井过程中污染的水源也会给周边生态环境带来风险。因此，如何客观、准确地评估四川省油气高质量开发和生态环境监管水平至关重要。

4.1　油气高质量开发指标体系构建

4.1.1　构建原则

本书在构建四川省油气高质量开发指标体系时，从高质量发展的内涵出发，结合油气田开发生命周期，把油气开发视为一个持续性的过程。在此基础上，基于以下原则构建了四川省油气高质量开发指标体系。

1. 整体性和一致性原则

指标体系的构建需从整体出发，尽量综合全面，充分考虑系统各个要素对整体的影响。同时，选择的指标要与对应系统保持一致性，能从不同角度反映四川省油气高质量开发的水平，以及油气开发与生态环境协调共进的关系。

2. 科学性与前瞻性原则

油气高质量开发指标体系要能客观、准确、真实地反映四川省油气开发的现实状况。同时，指标体系要能长期利于推动四川省油气的高质量开发，推动能源安全和经济发展。

3. 简明性与可操作性原则

在指标选取的过程中，要尽量选择具有代表性、简单易懂的指标，整个指标体系的指标数量不宜过多；同时指标的选取必须考虑数据的可获得性和可操作性，尽量选择能获得连续数据的指标，考虑评价对象各地区共有的指标，以便形成动态分析过程。

4.1.2 指标选取

经济高质量发展强调创新、绿色、开放、共享、协调5个方面，立足于油气开发，不仅要凸显高质量发展的内涵，还要注重油气开发过程中的生产安全问题和国家能源安全问题。创新、开放、安全，一方面要通过创新投入降低开发过程中的能耗、提高开发效率，注重开发带来的安全问题；另一方面提升可持续发展能力，配合开放发展，不断拓展合作空间，为油气开发提供新的动力源。绿色、共享、协调，主要评价油气高质量开发带来的社会环境效应，注重天然气开发对能源结构的优化，开发成果由更多公众共享的程度，以及油气开发对相关行业的带动作用。基于此，本书立足于四川省油气资源开发现状，围绕高质量发展的核心要求，从开发过程、开发社会效益、绿色持续性开发的角度出发，构建了四川省油气高质量开发指标体系。指标主要来源于《中国统计年鉴》《四川统计年鉴》《四川省国民经济和社会发展统计公报》以及部分四川油气企业内部资料，结合现有相关研究论文中的指标体系与数据可得性，建立了6个准则层，29个指标层，评价四川省油气高质量开发的水平。具体指标如表4-1所示。

表 4-1　油气高质量开发指标体系

准则层	指标层	单位	指标性质
创新发展	油气相关科技项目创新成果	项	正
	油气相关发明专利申请件数	件	正
	油气相关研究机构数	个	正
	油气相关企业 R&D 项目数	项	正
	油气相关企业 R&D 总支出	万元	正
	油气相关企业 R&D 人员全时当量	人年	正
绿色发展	清洁能源（天然气）消费量占能源总消费量比重	%	正
	天然气消费量	亿立方米	正
	石油消费量	万吨	负
	油气开采综合能耗	千克标油/吨原油	负
	能源生产弹力系数	—	正
	炼油转化效率	%	正
开放发展	川气东送输气量	亿立方米	正
	油气相关原料出口金额	万美元	正
共享发展	天然气供气总量	亿立方米	正
	天然气用气人口占总人口比重	%	正
	天然气管道长度	公里	正
	城市燃气普及率	%	正
	油气相关行业从业人员年平均人数	万人	正
	油气相关行业人员平均工资	元	正
协调发展	能源生产地区 GDP 增长值	%	正
	油气相关行业投资	亿元	正
	油气相关行业工业总产值	亿元	正
	油气相关行业利润总额	亿元	正
	油气相关行业总资产贡献率	%	正
	油气相关行业工业成本费用利润率	%	正

续表

准则层	指标层	单位	指标性质
安全发展	探明石油储量	万吨	正
	探明天然气储量	亿立方米	正
	每十万从业人员生产安全事故死亡人数	人	负

1. 创新发展

科技创新是推动油气高质量开发的关键所在，具有高附加值、高效率等高质量特征。能源需求大、生产成本高等问题迫使油气开发实施创新驱动战略，以技术为突破口，降低油气开发的成本、提升开发效率。

因此，本书设计了6个二级指标，从人力、物力、财力、成果四个方面衡量企业油气开发的创新发展水平。

其中，“油气相关科技项目创新成果”“油气相关发明专利申请件数”“油气相关企业R&D项目数”侧重对企业创新成果的考察，创新成果能直接推动油气企业技术提升和创新发展；“油气相关企业R&D人员全时当量”“油气相关研究机构数”“油气相关企业R&D总支出”分别从人力、物力和财力对企业的创新投入进行考察。“油气相关企业R&D人员全时当量”指的是油气相关企业从事研究与开发的全时人员（累积工作时间占全部工作时间的90%及以上人员）工作量与非全时人员按实际工作时间折算的工作量之和。

2. 绿色发展

绿色发展是油气高质量开发理念的重要体现，而在其中最重要的指标之一就是能源消耗。针对我国能源需求压力大、能源消费量高的现状，降低油气开采中的能源消耗和提高清洁能源在油气开采中的占比来优化能源消费结构是绿色发展的必然要求。通过采用先进工艺和生产技术，优化原料构成，实现节能减排，是坚持绿色可持续发展的重要内容之一。扩大清洁能源（天然气）的开采在调整能源消费结构，推动能源低碳绿色可持续发展转型中起着重要作用。

因此，本书设计了6个二级指标，从企业开发过程中的绿色可持续发展，到清洁能源开采后对于能源消费结构的调整来衡量油气开发绿色发展的水平。

其中“清洁能源（天然气）消费量占能源总消费量比重”“天然气消费量”“石油消费量”三个指标对四川省能源消费结构进行考察，“油气开采综合能耗”“能源生产弹力系数”“炼油转化效率”三个指标则是对油气企业自身发展过程中的能耗效率水平进行考察。其中，“油气开采综合能耗”指的是油气田采油（气）生产所消耗的各种能源总量（包括生产、辅助生产设施及管理部门用能，单位为吨标准油）与油气当量产量（将天然气产量按热值折算为原油产量后的产量，单位为吨）的比值再乘以 1000，单位为千克标准油/吨；“能源生产弹力系数”指的是研究能源生产增长速度与国民经济增长速度之间关系的指标，指标计算公式为：能源生产弹性系数＝能源生产总量年平均增长速度/国民经济年平均增长速度。

3. 开放发展

开放发展是油气高质量开发的重要推动力。在新发展格局下，既要扩大对外贸易，深化资金、人才、科技等领域国际合作，推动商品、要素等领域开放形成协同效应；更要借鉴国际先进经验，推动规则、规制、管理、标准等制度型开放，顺应经济全球化的总体潮流。油气开发的开放发展需要统筹利用国际和国内的资源技术，注重国内资源的调配，实现油气开发的长远发展。因此，本书综合数据可得性和相关研究的梳理，针对四川省油气高质量开发设计了 2 个二级指标，包括“川气东送”“油气相关原料出口金额”。

其中，川气东送工程西起四川达州，跨越四川、重庆、湖北、江西、安徽、江苏、浙江、上海 6 省 2 市，管道总长 2170 公里，年输送天然气 120 亿立方米，对于优化我国能源消费结构，促进东中西部地区经济社会协调发展有着积极的意义，因此“川气东送”应是考察四川省油气高质量开发水平的重要指标之一，“油气相关原料出口金额”则是从国际层面对四川省油气开发的开放发展水平进行衡量。

4. 共享发展

共享发展是高质量发展的重要目标，落脚在油气高质量开发上，就是要使油气开发在过程中、成果上能带来社会效益。因此，本书设计了 6 个二级指标来衡量四川省油气高质量开发的共享水平。

其中，“天然气供气总量”“天然气用气人口占总人口比重”“天然气管道长度”“城市燃气普及率”是从宏观层面来考察油气开发尤其是天然气的开发成果对城市发展和人民生活带来的促进作用，“油气相关行业从业人员年平均人数”和“油气相关行业人员平均工资”则是从微观角度来考察油气开发带来的就业岗位和行业内员工薪资水平。

5. 协调发展

协调发展是油气高质量开发的核心内容，经济发展是高质量发展的重要部分，实现经济效益的提升也是油气高质量发展的主要目标之一。因此，本书设计了 6 个二级指标来衡量四川省油气高质量开发的协调发展水平。

其中，“能源生产地区 GDP 增长值”是能源生产中地区生产总值对比与上一年度增长的百分比，是对地区经济发展的重要考察部分；“油气相关行业投资”“油气相关行业工业总产值”“油气相关行业利润总额”“油气相关行业总资产贡献率”“油气相关行业工业成本费用利润率”则是对油气相关行业企业获利能力以及企业降低成本所取得的经济效益水平的考察。

6. 安全发展

安全是油气高质量开发的重要保障，一方面由于行业的特殊性使得油气生产行业在生产的过程中事故可能发生，企业需要注重开发过程中的生产安全问题；另一方面，石油、天然气的探明储量直接关乎我国能源安全问题。因此，本书设计了 3 个二级指标来对四川省油气高质量发展的安全水平进行衡量。

其中，“探明石油储量”“探明天然气储量”是对四川省剩余技术可采储量进行考察，“每十万从业人员生产安全事故死亡人数”则是对相关油气企业的安全生产情况进行考察。

4.2 生态环境监管水平指标体系构建

4.2.1 构建原则

1. 科学性

为了客观反映油气开发环境监管水平，具体指标的选择要参照科学依据，指标要有明确的目的和准确的定义，定量指标要有规范的数据来源。评价的主体与评价的对象要具有一致性，以便准确反映环境监管能力的真实情况。

2. 简明性

虽然指标越多越细越全面，但实际操作过程中，随着指标数量的增加，数据的收集和处理的工作量也成倍增加。并且，指标过细难免造成指标间的重叠，或是某一指标在某一时期的数据缺失，会影响其他指标数据在年份上的选择，进而影响后期的耦合构建工作。因此指标数据的获取应难易度适中，评价方式应较为简便，这样易于实践推广。

3. 可操作性

建立生态环境监管水平指标体系的目的是准确衡量相关部门的监管效率和能力，因此相关的指标体系应该是可测和可操作的。其可操作性体现在三个方面：首先是与生态环境监管相关的指标数据都是可以获取的，其指标数据来源尽量是官方的《中国统计年鉴》和省统计局发布的地方性统计年鉴，保证数据来源真实可靠；其次是指标数据应都是能够进行标准化处理的，方便下阶段通过耦合模型进行数据分析；最后是数据指标体系的设置应遵循精而少的原则，避免各指标间内生性过大以及漏掉重要指标的情况出现。

4. 动态性

生态环境监管水平评价指标是由众多因素构成的一个整体。而构成这一整体的多种因素并非固定的，由于相关部门职能、环保理念和公众需求、科学技术等因素的改变，环境监管水平评价的指标也会发生相应的变化。因此，在环境监管评价指标的选择上，要结合实际情况灵活选择。

5. 系统性

系统性原则要求指标的数量和质量充分反映油气开采环境监管水平。指标体系的设计应系统地对影响环境监管水平的所有指标进行分类，不同类型的指标应科学地反映环境监管的某个方面。同时，评价指标体系结构不是指标集的简单罗列，而是要求整个评价体系指标全面覆盖，构成一个带有同一目标原则的大系统指标集。因此，应该对环境监管水平指标体系的各个要素进行系统的平衡，并通过综合的多因素分析，使指标体系达到最佳的整体效果。

基于以上原则，并且考虑到被选取指标能够反映近年油气开采的生态环境监管情况，因此，本书主要指标数据来源包括《中国统计年鉴》《城市污染源监管信息公开指数（PITI）报告》《四川统计年鉴》及四川生态环境厅发布的数据。

此外，四川省油气勘探开发以天然气为主，在非常规天然气资源方面，页岩气资源潜力巨大。四川省已探明页岩气地质储量累计达 1.19 万亿立方米，占全国的 66%，是全国第一个页岩气探明地质储量超过万亿立方米的省。而从目前来看，四川省最大的页岩气产区主要分布于自贡、内江、宜宾等地。为了使相关指标更能清晰反映油气开采方面的环境监管水平，本书还选取自贡、内江、宜宾三市的统计年鉴和环境质量公报中部分指标数据，作为四川省油气开发生态环境监管的指标数据。

4.2.2 指标选取

由于目前没有统一的研究油气开采生态环境监管水平的评价指标体系，因此基于相关资料，结合油气产业特点及数据的可获取性，本书从环保投入、环境质量、污染排放 3 个方面，建立了包括 3 个准则层，6 个中间层，共计 13 个指标的生态环境监管指标体系。具体指标如表 4-2 所示。

表 4-2　生态环境监管指标体系

<table>
<tr><th>目标层</th><th>准则层</th><th>中间层</th><th>指标层</th><th>单位</th><th>指标功效</th></tr>
<tr><td rowspan="13">油气开发生态环境监管指标体系</td><td rowspan="5">环保投入</td><td>人员投入</td><td>水利、环境、公共设备管理业就业人数</td><td>万人</td><td>正</td></tr>
<tr><td rowspan="4">资金投入</td><td>生态保护和环境治理投资</td><td>万元</td><td>正</td></tr>
<tr><td>工业污染源治理投资</td><td>亿元</td><td>正</td></tr>
<tr><td>当年完成环保验收项目环保投资</td><td>亿元</td><td>正</td></tr>
<tr><td>环境污染治理投资占 GDP 的比重</td><td>%</td><td>正</td></tr>
<tr><td rowspan="5">环境质量</td><td rowspan="3">空气质量</td><td>PM10 平均浓度</td><td>微克/立方米</td><td>负</td></tr>
<tr><td>PM2.5 平均浓度</td><td>微克/立方米</td><td>负</td></tr>
<tr><td>优良天数率</td><td>%</td><td>正</td></tr>
<tr><td>生态质量</td><td>生态环境质量指数</td><td>—</td><td>正</td></tr>
<tr><td>监管质量</td><td>城市污染源监管信息公开指数(PITI)</td><td>—</td><td>正</td></tr>
<tr><td rowspan="3">污染排放</td><td rowspan="3">“三废”排放及处理利用情况</td><td>工业废水排放量</td><td>万吨</td><td>负</td></tr>
<tr><td>工业固体废物综合利用率</td><td>%</td><td>正</td></tr>
<tr><td>工业 SO_2 排放量</td><td>万吨</td><td>负</td></tr>
</table>

1. 环保投入

环保投入是为解决实际或潜在的环境问题并协调人与环境之间的关系以确

保经济和社会的可持续发展而采取的各种行动的总称。其方法和手段包括工程技术、行政管理、法律经济、宣传教育的资金投入活动。环保投入是环境保护的物质基础，也是评估环境监测水平的重要因素。结合省内油气开采相关可获取数据，经过筛选，环保投入的指标主要有“水利、环境、公共设备管理业就业人数”“生态保护和环境治理投资”“工业污染源治理投资”“当年完成环保验收项目环保投资”“环境污染治理投资占GDP的比重”。

（1）水利、环境、公共设备管理业就业人数。

这是指在水利、环境、公共设备管理业的单位、机关中取得工资或其他形式的劳动报酬的全部人员。

（2）生态保护和环境治理投资。

这是指生态保护和污染源治理的资金投入中固定资产的资金，其中污染源治理投资包括工业污染源治理投资和项目环保投资两部分。2018年四川省生态环保和环境治理业投资同比增长了19.1%。可以发现随着我国经济的发展，满足“人民对美好生活的向往”是新时期的奋斗目标。

（3）工业污染源治理投资。

这是指治理、预防和变害为利的转化的资金投入。工业污染源通常指在工业生产过程中，排放到环境中的有害物质或是对环境造成有害影响的制造场所和设备。高水平投资对于改善环境质量，促进企业落实社会责任具有重大的现实意义。

（4）当年完成环保验收项目环保投资。

这是指环境污染治理的资金投入中用于环保验收项目的资金。环保验收的范围通常是与建设项目有关的各项环境保护设施，包括为防治污染和保护环境所建成或配备的工程、设备、装置和监测手段，各项生态保护设施。这部分投资可以使环保设施的安装质量更加符合国家和有关部门发布的专业工程验收规范和检查评估标准。

（5）环境污染治理投资占GDP的比重。

这是指以省为单位的环境污染治理投资总额占省内生产总值（GDP）的比重。我国各级政府高度重视环境保护，环境污染治理投资总额逐年增加，环境污染治理投资占GDP的比重稳步提高。

2. 环境质量

环境质量是指在某一具体的地域内，生态环境对当地经济社会发展的影响程度和范围，是对环境的一个总体性的描述和评价。环境质量的评价，需要依据当地历年的环境监测数据、气候气象数据、水文水质数据等。结合实际情况，通过当地统计局，本书选择了“PM10平均浓度”“PM2.5平均浓度”“优良天数率”这三个空气质量评价指标，“生态环境质量指数（EI）”这一综合环境质量评价指标以及“城市污染源监管信息公开指数（PITI）”这一环境监管质量评价指标构建了环境质量准则层。具体指标如下：

（1）PM10、PM2.5平均浓度。

PM10通常是指粒径为10微米或更小的可吸入颗粒，而PM2.5是指粒径为2.5微米或更小的细颗粒。它们可以在空气中停留的时间更长，并且空气中它们的浓度越高，空气污染越严重。《环境空气质量标准》中PM10的年平均浓度限值为70微克/立方米，PM2.5的年平均浓度限值为35微克/立方米。

（2）优良天数率。

其指该地区空气质量良好或较好的天数与一年中总天数之比。计算公式：空气质量优良天数/全年监测总天数×100%。近年来，四川省高度重视调整产业结构和优化能源结构，积极开展工业污染控制与减排、粉尘治理和流动污染源的治理等，持续改善空气质量。

（3）生态环境质量指数（EI）。

这是反映区域内生态环境质量状况的一系列指标的综合指数，通常由生物丰度指数、植被覆盖指数、水网密度指数、土地退化指数和环境质量指数乘以相应的权重得到。计算公式：EI＝0.35×生物丰度指数＋0.25×植被覆盖指数＋0.15×水网密度指数＋0.15×（100－土地胁迫指数）＋0.10×（100－污染负荷指数）＋环境限制指数。根据EI值，将生态环境分优、良、一般、较差和差五个等级。EI≥75为优，植被覆盖度高，生物多样性丰富，生态系统稳定；55≤EI<75为良，植被覆盖度较高，生物多样性较丰富，适合人类生活；35≤EI<55为一般，植被覆盖度中等，生物多样性一般水平，较适合人类生活，但有不适合人类生活的制约性因子出现；20≤EI<35为较差，植被覆盖较差，严重干旱少雨，物种较少，存在明显限制人类生活的因素；EI<20为差，条件较恶劣，人类生活受到限制。

（4）城市污染源监管信息公开指数（PITI）。

公众环境研究中心（IPE）与自然资源保护协会（NRDC）为明确我国污染源环境监管信息公开的基准线，记录和见证中国环境信息公开的历程，促进环境信息公开而共同研发了PITI指数。评价项目包括“监管信息”“自行监测”“互动回应”“排放数据”“环评信息”5个一级指标，8个二级指标。环境信息的透明公开程度增加，对提高政府环境治理力度、加强公众对政府的信任度、解决社会矛盾冲突等都起到了积极的促进作用。国内外研究也证明，环境信息的公开程度与环境监管工作有效性呈高度正相关。

3. 污染排放

污染排放是指人类生产生活过程中所产生的废水、废气、固体废物等污染物的排放。统计年鉴中“‘三废’排放及处理利用情况”这一指标包括大气污染控制、噪声污染控制、水污染控制、固体废物污染控制和放射性污染控制几大类。考虑到指标数据可查以及指标和数据来源范围应在宜宾、自贡、内江这几个页岩气开采的主要城市，最后选取的指标为“工业废水排放量”“工业固体废物综合利用率”“工业SO_2排放量”。

（1）工业废水排放量。

工业废水对生态环境及自然环境的危害较大，主要表现在：流入湖泊和河流的工业废水直接污染周围的生态环境；进入地下的工业废水将污染地下水，影响人们的生活和使用质量，并使人类健康受到威胁。近年来，我国高度重视水环境保护，国务院、生态环境部等有关部门制定了一系列政策，鼓励工业废水超低排放和工业废水的有效处理。政策标准的制定和实施积极地推动了我国工业废水处理的发展，在改善环境质量方面取得了显著成果。

（2）工业固体废物综合利用率。

其指报告期内企业通过回收、加工、循环、交换等方式，从固体废物中提取或者使其转化为可以利用的资源、能源和其他原材料的固体废物量。综合利用量由原产生固体废物的单位统计。经过多年的努力，我国工业固体废物的资源化综合利用已经取得一定成果，利用量在逐年增加，利用技术水平也在不断提高，产生的经济效益、社会效益、环境效益逐年凸显，为我国工业经济发展方式的转变做出了贡献。

（3）工业 SO_2排放量。

其指报告期内企业在燃料燃烧和生产工艺过程中排入大气的SO_2总量。油气勘探开发过程中会产生大量的SO_2排放，近年来清洁生产和减排措施的有效落实，使我国油气开发企业的单位油气产量SO_2排放量持续下降。

第5章　四川省油气高质量开发与生态环境监管动态耦合实证研究

5.1　数据来源与标准处理

5.1.1　原始数据的来源

在对四川省油气高质量开发与生态环境监管系统协调发展的评价过程中，一个至关重要的步骤就是指标数据的收集工作。考虑到研究数据的可获得性和连续性，结合四川省油气资源与生态环境的具体情况，本书选取四川省2010年至2019年10年间的时间序列数据，并对其归类、计算、整理，在原始数据的基础上进行标准化处理，然后运用耦合协调度模型进行实证分析，得出四川省油气高质量开发与生态环境监管协调发展的整体水平。数据主要来源于以下几个途径：

（1）四川省油气高质量开发相关数据主要来源于2010—2019年的《中国统计年鉴》《四川统计年鉴》《四川年鉴》《四川省国民经济和社会发展统计公报》等权威统计文献以及国家统计局、四川省统计局和四川省科技促进发展研究中心网站等政府公共网站。

（2）四川省生态环境监管数据主要来源于《中国统计年鉴》《城市污染源监管信息公开指数（PITI）报告》《四川统计年鉴》及四川生态环境厅等政府公共网站。

鉴于四川省油气高质量开发与生态环境监管数据采集的年份为2010—2019年，时间跨度较大，且数据搜集来源广泛，为保证数据统计口径的一致性与准确性，对于存在的个别数据缺失，本书通过取相邻年份数据的平均值与采用指数平滑法对其进行补齐。

5.1.2 指标相关性分析

相关性分析通常是指研究两个或两个以上处于同等地位的随机变量间相关关系的统计分析方法。它既可以用来表达两个变量因素之间的相关密切程度，也可用于探究人文社会事物和现象之间的相互依赖关系。一般对两个对等的连续型变量而言，可以用 Pearson 相关系数（一般用 r 表示）来表征两者之间相互变动过程中的依存趋势方向和相关程度。Pearson 相关系数也称为积矩相关系数，是计算两个变量之间线性相关性的方法。假设 x 和 y 为两个不分因果关系的对等变量，n 代表成对变量值数目，则相关系数 r 的计算公式为：

$$r(x, y)=\frac{\sum_{i=1}^{n}(x_i-\bar{x})(y_i-\bar{y})}{\left[\sum_{i=1}^{n}(x_i-\bar{x})^2\sum_{i=1}^{n}(y_i-\bar{y})^2\right]^{1/2}} \tag{5-1}$$

其中，相关系数 r 的取值范围在［−1，1］之间，绝对值代表相关程度，而符号则代表是正相关还是负相关。当 r 值为正数时，则存在正相关；当 r 值为负数时，则存在负相关；当 r 值为 0 时，则代表不相关。根据相关性系数 r 的大小进行细分，可以对相关性分析的结果做出以下几种解释，见表 5−1。

表 5−1 相关性分析结果解释

r 值大小	结果解释
(0.9～1]	强正相关
(0.8～0.9]	高度正相关
(0.6～0.8]	中度正相关
(0.4～0.6]	低度正相关
(−0.4～0.4]	关系极弱，认为不相关
(−0.6～−0.4]	低度负相关
(−0.8～−0.6]	中度负相关
(−0.9～−0.8]	高度负相关
[−1～−0.9]	强负相关

1. 油气高质量开发系统各指标相关性分析

利用相关性分析研究油气高质量开发系统各项指标间的相关关系，使用

Pearson 相关系数来表示相关关系的强弱程度，依据公式（5−1）计算相关系数 r 并进行排序，可以筛选出呈强相关关系的指标，结果如表 5−2 所示。

表 5−2　油气高质量开发系统各指标相关性分析结果

指标 1	指标 2	r 值	相关关系	排序
天然气供气总量	油气相关行业人员平均工资	0.988	强正相关	1
天然气用气人口占比	天然气管道长度	0.985		2
天然气用气人口占比	油气相关行业人员平均工资	0.974		3
清洁能源消费量占比重	天然气消费量	0.966		4
油气相关行业利润总额	油气相关行业总资产贡献率	0.956		5
天然气供气总量	天然气用气人口占比	0.954		6
天然气管道长度	油气相关行业人员平均工资	0.954		7
天然气消费量	天然气管道长度	0.951		8
天然气供气总量	天然气管道长度	0.942		9
天然气消费量	天然气供气总量	0.927		10
天然气消费量	油气相关行业人员平均工资	0.919		11
天然气用气人口占比	城市燃气普及率	0.918		12
炼油转化效率	能源生产地区 GDP 增长值	0.915		13
油气相关发明专利申请件数	天然气用气人口占比	0.909		14
天然气消费量	天然气用气人口占比	0.905		15
石油消费量	城市燃气普及率	0.903		16
清洁能源消费量占比重	天然气管道长度	0.902		17
城市燃气普及率	油气相关行业人员平均工资	0.901		18
天然气管道长度	油气相关行业投资	0.895	高度正相关	19
清洁能源消费量占比重	油气相关行业投资	0.889		20
油气开采综合能耗	能源生产地区 GDP 增长值	0.887		21
天然气管道长度	城市燃气普及率	0.884		22
油气开采综合能耗	炼油转化效率	0.866		23
油气相关发明专利申请件数	油气相关行业人员平均工资	0.865		24
油气相关发明专利申请件数	天然气管道长度	0.862		25
天然气消费量	油气相关行业投资	0.858		26

续表

指标 1	指标 2	r 值	相关关系	排序
天然气供气总量	城市燃气普及率	0.858		27
天然气用气人口占比	油气相关行业投资	0.844		28
清洁能源消费量占比重	天然气用气人口占比	0.824		29
油气相关发明专利申请件数	城市燃气普及率	0.823		30
油气相关发明专利申请件数	石油消费量	0.818		31
油气相关发明专利申请件数	天然气供气总量	0.813		32
清洁能源消费量占比重	天然气供气总量	0.811		33
清洁能源消费量占比重	油气相关行业人员平均工资	0.811		34
油气相关发明专利申请件数	油气相关研究机构数	0.808		35
油气相关企业 R&D 总支出	油气相关企业 R&D 人员全时当量	0.804		36
石油消费量	天然气用气人口占比	0.801		37
油气相关行业人员平均工资	油气相关行业投资	0.772	中度正相关	38
城市燃气普及率	油气相关行业投资	0.768		39
油气开采综合能耗	天然气用气人口占比	−0.991	强负相关	1
油气开采综合能耗	天然气管道长度	−0.985		2
油气开采综合能耗	油气相关行业人员平均工资	−0.952		3
石油消费量	能源生产地区 GDP 增长值	−0.947		4
炼油转化效率	城市燃气普及率	−0.941		5
城市燃气普及率	能源生产地区 GDP 增长值	−0.927		6
油气相关科技项目创新成果	天然气消费量	−0.924		7
油气相关发明专利申请件数	油气开采综合能耗	−0.922		8
油气开采综合能耗	城市燃气普及率	−0.922		9
油气开采综合能耗	天然气供气总量	−0.917		10
石油消费量	炼油转化效率	−0.913		11

续表

指标1	指标2	r值	相关关系	排序
天然气消费量	油气开采综合能耗	−0.900	高度负相关	12
油气开采综合能耗	油气相关行业投资	−0.874		13
油气相关科技项目创新成果	天然气供气总量	−0.867		14
油气相关科技项目创新成果	清洁能源消费量占比	−0.859		15
炼油转化效率	天然气用气人口占比	−0.855		16
清洁能源消费量占比重	油气开采综合能耗	−0.846		17
油气相关发明专利申请件数	能源生产地区GDP增长值	−0.844		18
天然气用气人口占比	能源生产地区GDP增长值	−0.842		19
油气相关科技项目创新成果	天然气管道长度	−0.829		20
石油消费量	油气开采综合能耗	−0.821		21
天然气管道长度	能源生产地区GDP增长值	−0.813		22
油气相关科技项目创新成果	油气相关行业人员平均工资	−0.812		23
油气相关发明专利申请件数	炼油转化效率	−0.810		24
炼油转化效率	天然气管道长度	−0.805		25
炼油转化效率	油气相关行业人员平均工资	−0.786	中度负相关	26
油气相关科技项目创新成果	天然气用气人口占比	−0.780		27
油气相关行业人员平均工资	能源生产地区GDP增长值	−0.773		28

在所有具有正相关性关系的指标中，天然气供气总量与油气相关行业人员平均工资之间的Pearson相关系数值为0.988，并且呈现出0.01水平的显著性，因而说明天然气供气总量与油气相关行业人员平均工资之间有着显著的强正相关关系；在所有具有负相关性关系的指标中，油气开采综合能耗与天然气用气人口占总人口比重、天然气管道长度和油气相关行业人员平均工资之间的Pearson相关系数值分别为−0.911、−0.985和−0.952，并且呈现出0.01水平的显著性，因而说明油气开采综合能耗与天然气用气人口占总人口比重、天然气管道长度和油气相关行业人员平均工资之间分别有着显著的强负相关关系。

而油气相关企业R&D项目数、能源生产弹力系数、川气东送、油气相关原料出口金额、油气相关行业从业人员年平均人数、油气相关行业工业总产值、油气相关行业工业成本费用利润率、探明石油储量、探明天然气储量和每十万从业人员生产安全事故死亡人数这10项指标与其他指标的相关性关系不强，相对独立。

2. 生态环境监管系统各指标相关性分析

利用相关性分析研究生态环境监管系统各项指标间的相关关系，使用Pearson相关系数来表示相关关系的强弱程度，根据生态环境监管系统各项指标的相关性矩阵表，绘制出各项指标的相关性示意图，可以看出各指标间的相关性，如图5－1所示。

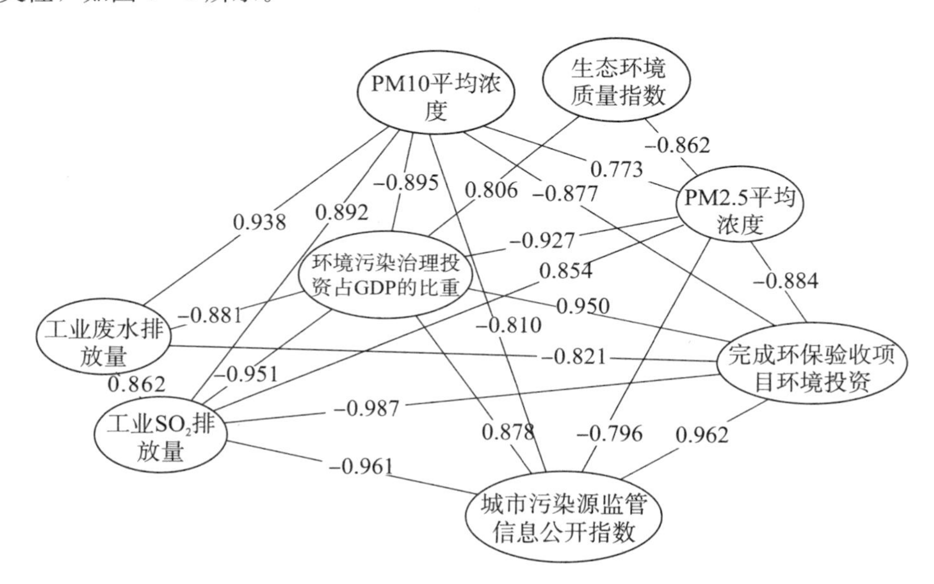

图5－1　生态环境监管各项指标相关性示意图

环境污染治理投资占GDP的比重与城市污染源监管信息公开指数、完成环保验收项目环境投资、生态环境质量指数（EI）、PM2.5平均浓度、PM10平均浓度、工业废水排放量和工业SO_2排放量的相关性程度较高，完成环保验收项目环境投资与城市污染源监管信息公开指数、环境污染治理投资占GDP的比重、PM2.5平均浓度、PM10平均浓度、工业废水排放量和工业SO_2排放量的相关性程度较高，PM2.5平均浓度与PM10平均浓度、工业SO_2排放量、生态环境质量指数（EI）、环境污染治理投资占GDP的比重、城市污染源监管信息公开指数和完成环保验收项目环境投资的相关性程度较高，PM10平均浓度与工业废水排放量、工业SO_2排放量、PM2.5平均浓度、环境污染治理投资占GDP的比重、城市污染源监管信息公开指数和完成环保验收项目环境投资的相关性程度较高，工业SO_2排放量与工业废水排放量、PM10 平均浓度、PM2.5 平均浓度、环境污染治理投资占 GDP 的比重、完成环保验收项目环境投资和城市污染源监管信息公开指数的相关性程度较高，城市污染源监管信息公开指数与完成环保验收项目环境投资、环境污染治理投资占 GDP 的比重、工业SO_2排放量、PM10 平均浓度和 PM2.5 平均浓度的相关性程度较高，工业废水排放量与工业SO_2排放量、PM10 平均浓度、环境污染治理投资占 GDP 的比重和完成环保验收项目环境投资的相关性程度较高。

而水利、环境、公共设备管理业就业人数，生态保护和环境治理投资，工业污染源治理投资，优良天数率，工业固体废物综合利用率这 5 项指标与其他指标的相关性不强，相对独立。

5.1.3 数据标准化

为了研究四川省油气高质量开发与生态环境监管系统的动态耦合关系，本书选取了四川省 2010—2019 年油气资源与生态环境监管有关的面板数据。上文构建的油气高质量开发系统与生态环境监管系统指标体系包含的指标涉及了能源、经济、社会、环境等多个领域的数据。这些指标相互之间的数量级差和计量单位都不尽相同，如果直接用原始数据对四川省油气高质量开发与生态环境监管的耦合协调度进行测算，那么最终结果的准确性和科学性将无法保证。因此，为消除原始数据不同数量级及维度的影响，需要对原始数据进行标准化处理，即将不同量纲的指标，通过一定的方法转化为无量纲的标准化指标，使不同的数据指标之间具有可比性。

本书采用极差标准化法进行数据标准化处理，如公式（5−2）所示。

$$A_{ij}=\begin{cases}\dfrac{X_{ij}-\min(X_{ij})}{\max(X_{ij})-\min(X_{ij})}, & X_{ij}\text{ 为正向指标}\\[2ex]\dfrac{\max(X_{ij})-X_{ij}}{\max(X_{ij})-\min(X_{ij})}, & X_{ij}\text{ 为负向指标}\end{cases}\tag{5−2}$$

其中，i 为年份，j 为指标序号，X_{ij} 为指标数据的原始值，其标准化后的值为 A_{ij}。$\max(X_{ij})$和 $\min(X_{ij})$分别表示 i 年份第 j 项指标的最大值和最小值。由于对系统发展作用方向的不同，可以把指标分为两类：一类是正向指标，即该类指标的数值越大就越表明油气高质量开发与生态环境监管的发展状况越好，二者呈正比关系；一类是负向指标，即该类指标的数值越小就越表明油气高质量开发与生态环境监管的发展状况越好，二者呈反比关系。因此，正向指标和负向指标需要使用不同的公式进行标准化，使得标准化后的数值方向一致。这样处理后，数据的数值范围在［0～1］之间。

通过对四川省2010—2019年油气高质量开发系统的原始数据进行标准化处理，得到数据如表5-3所示。

表5-3　2010—2019年油气高质量开发系统指标标准化数据结果

年份	油气相关科技项目创新成果	油气相关发明专利申请件数	油气相关研究机构数	油气相关企业R&D项目数	油气相关企业R&D总支出	油气相关企业R&D人员全时当量	清洁能源（天然气）消费量占能源总消费量比重	天然气消费量
2010	0.6098	0.0976	0.2500	0.0000	0.1202	0.0000	0.4931	0.2554
2011	0.6168	0.0000	0.0000	0.2155	0.0000	0.3929	0.1017	0.0733
2012	0.8037	0.2718	0.1250	0.5304	0.4857	0.2399	0.0000	0.0443
2013	1.0000	0.4564	0.8750	1.0000	1.0000	1.0000	0.0589	0.0000
2014	0.8435	0.5296	0.6250	0.2652	0.1969	0.4712	0.1818	0.1590
2015	0.7313	0.3728	0.3750	0.4420	0.8966	0.8299	0.6919	0.4583
2016	0.4486	0.5819	0.5000	0.4530	0.6973	0.7826	0.7023	0.5127
2017	0.3645	0.7561	1.0000	0.5691	0.8302	0.9305	0.7939	0.6406
2018	0.2079	1.0000	0.7500	0.2431	0.7585	0.4635	0.9302	0.8362
2019	0.0000	0.6794	0.6250	0.4254	0.7956	0.7521	1.0000	1.0000

年份	石油消费量	油气开采综合能耗	能源生产弹力系数	炼油转化效率	西气东送量	油气相关原料出口金额	天然气供气总量	天然气用气人口占总人口比重
2010	1.0000	0.0000	0.3846	1.0000	0.0000	0.7199	0.0000	0.0000
2011	0.7333	0.0000	0.4295	0.5541	0.2196	0.7583	0.0986	0.1115
2012	0.6224	0.1429	0.1795	0.4595	0.4437	0.0000	0.1080	0.1992
2013	0.2683	0.2857	0.1282	0.4414	0.8236	0.0744	0.1635	0.2959
2014	0.0000	0.4286	1.0000	0.1892	0.6526	0.1163	0.2137	0.3856
2015	0.2571	0.5714	0.2821	0.1261	0.0890	0.0052	0.2594	0.4729
2016	0.2034	0.7143	0.3846	0.1126	0.2802	0.0179	0.4133	0.6504
2017	0.1178	0.8571	0.1923	0.1261	0.5402	1.0000	0.4901	0.7968
2018	0.1427	1.0000	0.0000	0.0000	0.5769	0.5446	0.8152	0.9453
2019	0.0286	1.0000	0.5128	0.0946	1.0000	0.2085	1.0000	1.0000

续表

年份	天然气管道长度	城市燃气普及率	油气相关行业从业人员年平均人数	油气相关行业人员平均工资	能源生产地区 GDP 增长率	油气相关行业投资金额	油气相关行业工业总产值	油气相关行业利润总额
2010	0.0000	0.0000	1.0000	0.0000	1.0000	0.0310	0.8703	0.3245
2011	0.0039	0.2557	0.3929	0.0677	0.9868	0.0355	0.6362	0.1796
2012	0.0605	0.3381	0.0000	0.1354	0.6711	0.0000	0.6230	0.3298
2013	0.1350	0.5009	0.3782	0.2070	0.3289	0.0522	0.0000	0.2230
2014	0.2259	0.6155	0.3856	0.3369	0.1316	0.0586	0.8131	0.5306
2015	0.4809	0.7642	0.3599	0.3638	0.0487	0.8878	0.9340	0.8934
2016	0.6747	0.6998	0.3647	0.4126	0.0395	0.6168	0.8449	0.0000
2017	0.7673	0.6468	0.3547	0.5849	0.0789	1.0000	0.8966	0.3358
2018	0.9045	0.8816	0.3623	0.8615	0.0658	0.7524	0.9483	0.8100
2019	1.0000	1.0000	0.3317	1.0000	0.0000	0.8174	1.0000	1.0000
年份	油气相关行业总资产贡献率	油气相关行业工业成本费用利润率	探明石油储量	探明天然气储量	每十万从业人员生产安全事故死亡人数			
2010	0.3173	0.1028	0.4144	0.0000	0.0000			
2011	0.1033	0.0169	0.9317	0.0131	0.2369			
2012	0.4294	0.2215	0.9076	1.0000	0.3837			
2013	0.1339	0.0000	0.6729	0.0552	0.6063			
2014	0.7686	0.3829	0.6646	0.0534	0.8716			
2015	0.9665	1.0000	0.6418	0.0636	1.0000			
2016	0.0000	0.7104	0.5993	0.0694	0.1748			
2017	0.4483	0.0934	0.9847	0.0999	0.2838			
2018	1.0000	0.6055	1.0000	0.1191	0.2307			
2019	0.9214	0.7126	0.0000	0.2216	0.3993			

用标准化公式计算生态环境监管系统原始数据，得出生态环境监管系统指标标准化结果，如表 5-4 所示。

表 5-4 2010—2019 年生态环境监管系统指标标准化数据结果

年份	水利、环境、公共设备管理业就业人数	生态保护和环境治理投资	工业污染源治理投资	完成环保验收项目环境投资	环境污染治理投资占 GDP 的比重	PM10 平均浓度	PM2.5 平均浓度	优良天数率
2010	0.1053	0.0006	0.0000	0.0000	0.0000	0.1222	0.0309	0.6296
2011	0.0421	0.0008	0.4842	0.0118	0.0266	0.1059	0.0847	0.8158
2012	0.0000	0.0024	0.199	0.1079	0.1596	0.1631	0.0000	1.0000
2013	0.0947	0.0006	0.5959	0.2135	0.2340	0.0000	0.0461	0.5674
2014	1.0000	0.0047	0.8209	0.3526	0.3298	0.2853	0.4462	0.3614
2015	0.6842	0.0000	0.2383	0.6762	0.4096	0.3137	0.5138	0.349
2016	0.5895	0.0028	0.2265	0.7719	0.5213	0.3912	0.5692	0.0000
2017	0.5474	0.0044	0.2265	0.8176	0.5585	0.9054	0.2923	0.0511
2018	0.4421	0.0183	0.6668	0.8997	0.8032	0.7513	0.8669	0.1747
2019	0.4211	1.0000	1.0000	1.0000	1.0000	1.0000	1.0000	0.5797

年份	生态环境质量指数	城市污染源监管信息公开指数	工业废水排放量	工业固体废物综合利用率	工业 SO_2 排放量
2010	0.5381	0.0000	0.0000	0.0000	0.0000
2011	0.0000	0.1285	0.1114	0.0936	0.1070
2012	0.1547	0.1173	0.377	0.4615	0.0952
2013	0.1547	0.2654	0.1617	0.6891	0.3219
2014	0.3072	0.1453	0.4286	0.2928	0.3633
2015	0.4619	0.6830	0.1359	1.0000	0.5689
2016	0.6166	1.0000	0.487	0.9503	0.7654
2017	0.3072	0.8994	0.9575	0.2307	0.8959
2018	0.8476	0.9846	0.9449	0.9974	0.9338
2019	1.0000	0.9372	1.0000	0.9995	1.0000

5.1.4 指标体系权重的确定

在构建的评价指标体系中，各个指标不仅代表的含义不同，并且对系统的影响程度也是有区别的，因此为了保证评价结果的科学性和准确性，就要求对各个指标进行赋权。根据研究对象的特点以及秉承减少错误、提高评价的准确性等原则，对于各指标的权重，本书采用熵值法来确定。熵值法利用各指标的熵值所提供的信息量大小来决定指标权重，一方面，它可以避免人为因素对权重设置的干扰，使评价结果更客观；另一方面，各指标的熵值反映了指标信息量的大小，建立在熵值基础上的评价体系能够最大限度地反映指标的原始信息。利用熵值法计算权重的步骤如下：

计算第 j 项指标第 i 年数据占该指标的权重：

$$P_{ij}=\frac{A_{ij}}{\sum_{i=1}^{m}A_{ij}} \tag{5-3}$$

计算第 j 项指标的熵值：

$$E_j=-\frac{1}{\ln m}\left(\sum_{i=1}^{m}P_{ij}\ln P_{ij}\right) \tag{5-4}$$

由于极差法对指标数据进行标准化处理时会出现 0 值，而在熵值法计算中需运用对数，故无法直接使用。因此，当遇到标准化处理后的指标值为 0 时，令 $P_{ij}\ln P_{ij}$ 的值为 0。

计算第 j 项指标的信息效用值：

$$d_j=1-E_j \tag{5-5}$$

计算各项指标的权重：

$$W_j=\frac{d_j}{\sum_{j=1}^{n}d_j} \tag{5-6}$$

公式（5-3）至（5-6）中，m 为年份数，n 为指标个数，P_{ij} 为第 i 年第 j 项指标的比重，E_j 为第 j 项指标的熵值，d_j 为第 j 项指标的信息效用值，W_j 为第 j 项指标的权重。

根据上述熵值法确定指标权重的步骤，计算出四川省油气高质量开发系统各指标的权重。

从表 5-5 可以看出，油气高质量开发系统各个指标权重排名由大到小分别是：探明天然气储量（0.0885）、能源生产地区 GDP 增长值（0.0644）、油气相关原料出口金额（0.0605）、油气相关行业投资（0.0559）、天然气管道长度（0.0466）、石油消费量（0.0453）、油气相关行业工业成本费用利润率（0.0445）、炼油转化效率（0.0425）、天然气消费量（0.0404）、天然气供气总量（0.0391）、油气开采综合能耗（0.0365）、油气相关行业人员平均工资（0.0349）、清洁能源（天然气）消费量占能源总消费量比重（0.0347）、油气相关行业总资产贡献率（0.0311）、能源生产弹力系数（0.0291）、天然气用气人口占总人口比重（0.0285）、每十万从业人员生产安全事故死亡人数（0.0282）、油气相关行业利润总额（0.0271）、川气东送（0.0270）、油气相关发明专利申请件数（0.0240）、油气相关企业 R&D 总支出（0.0240）、油气相关研究机构数（0.0238）、油气相关企业 R&D 项目数（0.0220）、油气相关行业从业人员年平均人数（0.0192）、油气相关企业 R&D 人员全时当量（0.0190）、油气相关科技项目创新成果（0.0189）、城市燃气普及率（0.0180）、探明石油储量（0.0143）、油气相关行业工业总产值（0.0120）。其中，油气相关行业从业人员年平均人数（0.0192）、油气相关企业 R&D 人员全时当量（0.0190）、油气相关科技项目创新成果（0.0189）、城市燃气普及率（0.0180）、探明石油储量（0.0143）、油气相关行业工业总产值（0.0120）这六项指标权重占比相对较小，只占总指标权重的后 10%，表明这些因素对四川省油气高质量开发系统的影响程度相对较弱。

表 5－5　高质量开发系统各指标权重

一级指标	综合权重	二级指标	权重
创新发展	0.1317	油气相关科技项目创新成果（项）	0.0189
		油气相关发明专利申请件数（件）	0.0240
		油气相关研究机构数（个）	0.0238
		油气相关企业 R&D 项目数（项）	0.0220
		油气相关企业 R&D 总支出（万元）	0.0240
		油气相关企业 R&D 人员全时当量（人年）	0.0190
绿色发展	0.2285	天然气消费量占能源总消费量比重（%）	0.0347
		天然气消费量（亿立方米）	0.0404
		石油消费量（万吨）	0.0453
		油气开采综合能耗（千克标油/吨原油）	0.0365
		能源生产弹力系数	0.0291
		炼油转化效率（%）	0.0425

续表

一级指标	综合权重	二级指标	权重
开放发展	0.0875	川气东送（亿立方米）	0.0270
		油气相关原料出口金额（万美元）	0.0605
共享发展	0.1863	天然气供气总量（亿立方米）	0.0391
		天然气用气人口占总人口比重（%）	0.0285
		天然气管道长度（公里）	0.0466
		城市燃气普及率（%）	0.0180
		油气相关行业从业人员年平均人数（万人）	0.0192
		油气相关行业人员平均工资（元）	0.0349
协调发展	0.2350	能源生产地区 GDP 增长值（%）	0.0644
		油气相关行业投资（亿元）	0.0559
		油气相关行业工业总产值（亿元）	0.0120
		油气相关行业利润总额（亿元）	0.0271
		油气相关行业总资产贡献率（%）	0.0311
		油气相关行业工业成本费用利润率（%）	0.0445
安全发展	0.1310	探明石油储量（万吨）	0.0143
		探明天然气储量（亿立方米）	0.0885
		每十万从业人员生产安全事故死亡人数	0.0282

从表 5−6 可以看出，生态环境监管系统权重排名前 3 名的指标分别是：生态保护和环境治理投资（0.3451）、PM2.5 平均浓度（0.0727）、完成环保验收项目环境投资（0.0606）。随后分别为：水利、环境、公共设备管理业就业人数（0.0605）及 PM10 平均浓度（0.0599）、城市污染源监管信息公开指数（0.0582）、工业废水排放量（0.0564）、环境污染治理投资占 GDP 的比重（0.0551）、工业SO_2排放量（0.0508）、优良天数率（0.0472）、工业固体废物综合利用率（0.0462）、生态环境质量指数（EI）（0.0442）、工业污染源治理投资（0.0431）。其中，工业SO_2排放量（0.0508）、优良天数率（0.0472）、工业固体废物综合利用率（0.0462）、生态环境质量指数（EI）（0.0442）、工业污染源治理投资（0.0431）这五项指标所占权重相对较低，只占总指标权重的后 20%，表明这些因素对四川省生态环境监管系统的影响程度相对较弱。

表5－6 生态环境监管系统各指标权重

一级指标	综合权重	二级指标	权重
环保投入	0.5644	水利、环境、公共设备管理业就业人数（万人）	0.0605
		生态保护和环境治理投资（万元）	0.3451
		工业污染源治理投资（亿元）	0.0431
		完成环保验收项目环境投资（亿元）	0.0606
		环境污染治理投资占GDP的比重（%）	0.0551
环境质量	0.2822	PM10平均浓度（微克/立方米）	0.0599
		PM2.5平均浓度（微克/立方米）	0.0727
		优良天数率（%）	0.0472
		生态环境质量指数（EI）	0.0442
		城市污染源监管信息公开指数（PITI）	0.0582
污染排放	0.1534	工业废水排放量（万吨）	0.0564
		工业固体废物综合利用率	0.0462
		工业SO_2排放量（万吨）	0.0508

5.2 四川省油气高质量开发与生态环境监管耦合协调发展评价模型构建

5.2.1 四川省油气高质量开发与生态环境监管综合评价模型

系统评价函数用来衡量系统的发展水平，要评价一个系统的优劣程度，要靠系统发展状态的若干个指标综合得到，系统评价函数如公式（5－7）所示。

$$f(Z)=\sum_{j=1}^{n}W_jA_j \tag{5-7}$$

其中，n表示子系统中指标个数总和，W_j为该子系统的第j项指标的权重，A_j为描述系统的第j项指标经标准化之后的数值，$f(Z)$为子系统的评价指数。$f(Z)$的值越高，表明系统的发展水平越好；$f(Z)$的值越低，表明系统发展水平越低。

而在耦合协调度模型中，油气高质量开发与生态环境监管被看作一个复杂系统，由油气高质量开发系统与生态环境监管系统这两个子系统构成。而整个系统的综合评价指数由这两个子系统的评价指数加权平均得到，如公式（5－8）所示。

$$T=\alpha f(Z_1)+\beta f(Z_2) \tag{5-8}$$

其中，T 为整个系统的综合评价指数，反映系统的整体发展水平；$f(Z_1)$ 与 $f(Z_2)$ 分别为油气高质量开发系统与生态环境监管系统的评价指数；α 与 β 分别为油气高质量开发系统与生态环境监管系统的贡献份额，考虑到油气高质量开发和生态环境监管是同等重要的，所以赋值 $\alpha=\beta=0.5$。

5.2.2 四川省油气高质量开发与生态环境监管耦合度模型

子系统之间的关联性是系统发展状况的重要指标，这种关联性通过耦合度来衡量。系统耦合度值由低到高的变化过程，体现了系统由无序走向有序的趋势。具有高耦合度的系统能够实现各子系统的相互支持，形成协同效应。依照耦合度的概念，采用变异系数来进行耦合度函数计算的推导。变异系数也叫离散系数，可以反映两组数据的变异或离散程度。

$$C_v=\frac{S}{\overline{X}} \tag{5-9}$$

其中，C_v 为变异系数，S 为标准差，$\overline{X}$ 为平均值。同时

$$S=\sqrt{\frac{\sum_{i=1}^{n}(x_i-\overline{x})}{n-1}} \tag{5-10}$$

若设两系统的综合评价指数分别为 $f(Z_1)$ 与 $f(Z_2)$，代入式（5－9）、(5－10)可得：

$$C_v=\sqrt{2\left\{1-\frac{f(Z_1)\times f(Z_2)}{\left(\frac{f(Z_1)+f(Z_2)}{2}\right)^2}\right\}} \tag{5-11}$$

根据公式（5－11）可以看出 $\frac{f(Z_1)\times f(Z_2)}{\left(\frac{f(Z_1)+f(Z_2)}{2}\right)^2}$ 的值越大，变异系数越小，两个系统的耦合度越高；反之，该值越小，变异系数越大，两个系统的耦合度越差。因此可以定义两个子系统耦合度函数的计算公式为：

$$C=\left\{\frac{f(Z_1)\times f(Z_2)}{\left(\frac{f(Z_1)+f(Z_2)}{2}\right)^2}\right\}^K \tag{5-12}$$

其中，C 为系统的耦合度；$f(Z_1)$ 与 $f(Z_2)$ 分别为油气高质量开发系统与生态环境监管系统的评价指数，表示两个子系统的发展水平的大小；K 为调节系数（一般取值在 2～5 之间），可以增加耦合度值的区分度，为区分明确，本书选取 K 值为 4。

5.2.3　四川省油气高质量开发与生态环境监管耦合协调度模型

虽然耦合度模型可以衡量出油气高质量开发系统和生态环境监管系统之间的协同性，但是，在有些情况下，这个模型却会反映出一些不符合油气高质量开发与生态环境监管耦合协调发展的情况。例如，当油气高质量开发综合评价指数和生态环境监管综合评价指数都较低时，耦合度也会比较高，无法体现系统的整体发展水平，因此需要引入耦合协调度模型。耦合协调度模型表示为：

$$D = \sqrt{C \times T} \tag{5-13}$$

其中，D 为整个系统的耦合协调度，C 为系统的耦合度，T 为油气高质量开发与生态环境监管整个系统的综合评价指数。

耦合协调度 D 的取值在 0 到 1 之间。当 D 取值越接近于 1 时，表明油气高质量开发与生态环境监管系统的耦合协调发展水平越高，协调状况良好；反之当 D 越接近于 0 时，表明油气高质量开发与生态环境监管系统之间越不协调。耦合协调度模型与耦合度模型相比，有效地避免了当油气高质量开发与生态环境监管系统的发展水平都很低时计算得出的耦合度却很高的情况。

本书在参考前人研究的基础上，构建耦合协调度划分标准，将油气高质量开发与生态环境监管系统耦合协调发展类型分为 10 类，然后根据油气高质量开发系统发展水平 $f(Z_1)$和生态环境监管系统发展水平 $f(Z_2)$之间的对比关系 $f(Z_2)-f(Z_1)$，将每类区间又细分为 3 种基本类型，如表 5－7 所示。

表 5-7　油气高质量开发与生态环境监管耦合协调发展的分类标准

耦合协调度值区间	协调发展区间	状态	综合评价指数对比 $f(Z_2)-f(Z_1)$	协调发展类型	耦合协调等级
[0～0.1)	失调衰退区间	极度失调衰退	＞0.1	油气高质量开发受阻	Ⅰ级
			[−0.1～0.1]	两系统协调	
			＜−0.1	生态环境监管受阻	
[0.1～0.2)		严重失调衰退	＞0.1	油气高质量开发受阻	Ⅱ级
			[−0.1～0.1]	两系统协调	
			＜−0.1	生态环境监管受阻	
[0.2～0.3)		中度失调衰退	＞0.1	油气高质量开发受阻	Ⅲ级
			[−0.1～0.1]	两系统协调	
			＜−0.1	生态环境监管受阻	
[0.3～0.4)		轻度失调衰退	＞0.1	油气高质量开发受阻	Ⅳ级
			[−0.1～0.1]	两系统协调	
			＜−0.1	生态环境监管受阻	
[0.4～0.5)	过渡调和区间	濒临失调衰退	＞0.1	油气高质量开发受阻	Ⅴ级
			[−0.1～0.1]	两系统协调	
			＜−0.1	生态环境监管受阻	
[0.5～0.6)		勉强协调发展	＞0.1	油气高质量开发滞后	Ⅵ级
			[−0.1～0.1]	两系统协调	
			＜−0.1	生态环境监管滞后	
[0.6～0.7)	协调发展区间	初级协调发展	＞0.1	油气高质量开发滞后	Ⅶ级
			[−0.1～0.1]	两系统协调	
			＜−0.1	生态环境监管滞后	
[0.7～0.8)		中级协调发展	＞0.1	油气高质量开发滞后	Ⅷ级
			[−0.1～0.1]	两系统协调	
			＜−0.1	生态环境监管滞后	
[0.8～0.9)		良好协调发展	＞0.1	油气高质量开发滞后	Ⅸ级
			[−0.1～0.1]	两系统协调	
			＜−0.1	生态环境监管滞后	
[0.9～1]		优质协调发展	＞0.1	油气高质量开发滞后	Ⅹ级
			[−0.1～0.1]	两系统协调	
			＜−0.1	生态环境监管滞后	

其中，当油气高质量开发系统与生态环境监管系统的耦合协调度值 D 为 [0～0.4）时，两系统的协调发展区间处于失调衰退区，表明两系统的综合发展趋势相差较大，综合发展水平不相平衡，两系统的发展处于不协调阶段；当油气高质量开发系统与生态环境监管系统的耦合协调度值 D 为 [0.4～0.6）时，表明两系统的综合发展趋势逐渐保持一致，综合发展水平趋于平衡，两系统的发展处于过渡调和阶段；当油气高质量开发系统与生态监管环境系统的耦合协调度值 D 为 [0.6～1] 时，表明两系统的综合发展趋势高度一致，且综合发展水平保持高水平平衡，两系统的发展处于协调发展阶段。

然后根据耦合协调度 D 值的大小又将失调衰退区间、过渡调和区间与协调发展区间细分为 10 个不同的协调发展状态。每 0.1 个刻度划分一个协调发展状态：当 D 值为 [0～0.1）时，是极度失调衰退状态；当 D 值为 [0.1～0.2）时，是严重失调衰退状态；当 D 值为 [0.2～0.3）时，是中度失调衰退状态；当 D 值为 [0.3～0.4）时，是轻度失调衰退状态；当 D 值为 [0.4～0.5）时，是濒临失调衰退状态；当 D 值为 [0.5～0.6）时，是勉强协调发展状态；当 D 值为 [0.6～0.7）时，是初级协调发展状态；当 D 值为 [0.7～0.8）时，是中级协调发展状态；当 D 值为 [0.8～0.9）时，是良好协调发展状态；当 D 值为 [0.9～0.1] 时，是优质协调发展状态。

由于油气高质量开发与生态环境监管的耦合协调发展不仅要求油气高质量开发系统综合发展指数 $f(Z_1)$ 与生态环境监管综合发展指数 $f(Z_2)$ 有较大的值，还要求 $f(Z_1)$ 和 $f(Z_2)$ 之间的差异较小。因此，为了能够体现油气高质量开发与生态环境监管质量的高低，将油气高质量开发综合发展指数与生态环境监管综合发展指数进行对比：根据油气高质量开发和生态环境监管两个系统的综合评价指数的数值大小排序，对上述耦合协调发展类型再进一步划分，两个系统中综合评价指数数值更低的系统为该类型中的阻滞因素，若是失调衰退类型则是该类型的受阻因素，若是协调发展类型则是该类型的滞后因素。综上所述：

（1）当油气高质量开发系统与生态环境监管系统的耦合协调度值为 [0～0.5)，且油气高质量开发综合发展指数减去生态环境监管综合发展指数的值超过 0.1 时，为生态环境监管受阻；当生态环境监管综合发展指数减去油气高质量开发综合发展指数的值超过 0.1 时，为油气高质量开发受阻；当油气高质量开发综合发展指数与生态环境监管综合发展指数的差值不超过 0.1 时，为两系统协调型。

（2）当油气高质量开发系统与生态环境监管系统的耦合协调度值为

[0.5~1]，且油气高质量开发综合发展指数减去生态环境监管综合发展指数的值超过 0.1 时，为生态环境监管滞后；当生态环境监管综合发展指数减去油气高质量开发综合发展指数的值超过 0.1 时，为油气高质量开发滞后；当油气高质量开发综合发展指数与生态环境监管综合发展指数的差值不超过 0.1 时，为两系统协调型。

5.3 四川省油气高质量开发与生态环境监管综合发展水平分析

5.3.1 指标权重计算结果分析

计算四川省 2010—2019 年间的油气高质量开发与生态环境监管指标权重，结果见表 5-8。

表 5-8 高质量开发与生态环境监管评价指标体系及权重

耦合系统	一级指标	综合权重	二级指标	权重
高质量开发	创新发展	0.1317	油气相关科技项目创新成果（项）	0.0189
			油气相关发明专利申请件数（件）	0.0240
			油气相关研究机构数（个）	0.0238
			油气相关企业 R&D 项目数（项）	0.0220
			油气相关企业 R&D 总支出（万元）	0.0240
			油气相关企业 R&D 人员全时当量（人年）	0.0190
	绿色发展	0.2285	清洁能源（天然气）消费量占能源总消费量比重（%）	0.0347
			天然气消费量（亿立方米）	0.0404
			石油消费量（万吨）	0.0453
			油气开采综合能耗（千克标油/吨原油）	0.0365
			能源生产弹性系数	0.0291
			炼油转化效率（%）	0.0425
	开放发展	0.0875	川气东送（亿立方米）	0.0270
			油气相关原料出口金额（万美元）	0.0605

续表

<table>
<tr><th>耦合系统</th><th colspan="2">一级指标</th><th>综合权重</th><th>二级指标</th><th>权重</th></tr>
<tr><td rowspan="15">高质量开发</td><td colspan="2" rowspan="6">共享发展</td><td rowspan="6">0.1863</td><td>天然气供气总量（亿立方米）</td><td>0.0391</td></tr>
<tr><td>天然气用气人口占总人口比重（%）</td><td>0.0285</td></tr>
<tr><td>天然气管道长度（公里）</td><td>0.0466</td></tr>
<tr><td>城市燃气普及率（%）</td><td>0.0180</td></tr>
<tr><td>油气相关行业从业人员年平均人数（万人）</td><td>0.0192</td></tr>
<tr><td>油气相关行业人员平均工资（元）</td><td>0.0349</td></tr>
<tr><td colspan="2" rowspan="6">协调发展</td><td rowspan="6">0.2350</td><td>能源生产地区 GDP 增长值（%）</td><td>0.0644</td></tr>
<tr><td>油气相关行业投资（亿元）</td><td>0.0559</td></tr>
<tr><td>油气相关行业工业总产值（亿元）</td><td>0.0120</td></tr>
<tr><td>油气相关行业利润总额（亿元）</td><td>0.0271</td></tr>
<tr><td>油气相关行业总资产贡献率（%）</td><td>0.0311</td></tr>
<tr><td>油气相关行业工业成本费用利润率（%）</td><td>0.0445</td></tr>
<tr><td colspan="2" rowspan="3">安全发展</td><td rowspan="3">0.1310</td><td>探明石油储量（万吨）</td><td>0.0143</td></tr>
<tr><td>探明天然气储量（亿立方米）</td><td>0.0885</td></tr>
<tr><td>每十万从业人员生产安全事故死亡人数（人）</td><td>0.0282</td></tr>
<tr><td rowspan="13">环境监管</td><td colspan="2" rowspan="5">环保投入</td><td rowspan="5">0.5199</td><td>水利、环境、公共设备管理业就业人数（万人）</td><td>0.0605</td></tr>
<tr><td>生态保护和环境治理投资（万元）</td><td>0.3451</td></tr>
<tr><td>工业污染源治理投资（亿元）</td><td>0.0431</td></tr>
<tr><td>完成环保验收项目环境投资（亿元）</td><td>0.0606</td></tr>
<tr><td>环境污染治理投资占 GDP 的比重（%）</td><td>0.0551</td></tr>
<tr><td rowspan="5">环境质量</td><td rowspan="5">空气质量</td><td rowspan="5">0.3110</td><td>PM10 平均浓度（微克/立方米）</td><td>0.0599</td></tr>
<tr><td>PM2.5 平均浓度（微克/立方米）</td><td>0.0727</td></tr>
<tr><td>优良天数率（%）</td><td>0.0472</td></tr>
<tr><td>生态环境质量指数（EI）</td><td>0.0442</td></tr>
<tr><td>城市污染源监管信息公开指数（PITI）</td><td>0.0582</td></tr>
<tr><td rowspan="3">污染排放</td><td rowspan="3">“三废”排放及处理利用情况</td><td rowspan="3">0.1691</td><td>工业废水排放量（万吨）</td><td>0.0564</td></tr>
<tr><td>工业固体废物综合利用率（%）</td><td>0.0462</td></tr>
<tr><td>工业 SO_2 排放量（万吨）</td><td>0.0508</td></tr>
</table>

1. 油气高质量开发指标体系

首先，在油气高质量开发 6 个一级指标中创新发展、绿色发展、开放发展、共享发展、协调发展和安全发展所占权重分别为 0.1317、0.2285、0.0875、0.1863、0.2350 和 0.1310。油气高质量开发中协调发展权重最大，然后是绿色发展、共享发展、创新发展、安全发展和开放发展，说明协调发展对油气高质量开发综合水平影响最大，而安全发展和开放发展的影响作用相对较小。其次，在油气高质量开发子系统的 29 个指标中，探明天然气储量（0.0885）、能源生产地区 GDP 增长值（0.0644）、油气相关原料出口金额（0.0605）、油气相关行业投资（0.0559）、天然气管道长度（0.0466）、石油消费量（0.0453）、油气相关行业工业成本费用利润率（0.0445）、炼油转化效率（0.0425）、天然气消费量（0.0404）、天然气供气总量（0.0391）10 个指标是贡献份额较大的指标，所占权重合计为 0.5277，这表明在 2010—2019 年的 10 年间，天然气作为四川省重要油气资源，在油气高质量开发中发挥着重要的作用，在未来的油气开发的过程中，应更加重视天然气资源的开发利用。

2. 生态环境监管指标体系

首先，在生态环境监管的 3 个一级指标中环保投入、环境质量、污染排放所占权重分别为 0.5644、0.2822、0.1534。生态环境监管子系统中环保投入所占权重最大，然后是环境质量和污染排放，说明环保投入对生态环境监管综合水平影响最大，污染排放的影响作用最小。其次，在生态环境监管的 13 个指标层中生态保护和环境治理投资（0.3451），PM2.5 平均浓度（0.0727），完成环保验收项目环境投资（0.0606），水利、环境、公共设备管理业就业人数（0.0605），PM10 平均浓度（0.0599）5 个指标对生态环境监管系统具有较高的贡献份额，所占权重合计为 0.5988。这 5 个指标分别为 3 个环保投入指标和 2 个环境质量指标，累计权重分别为 0.4662 和 0.1326，由此可见生态环境监管对油气高质量开发的影响主要体现在环保投入中，尤其是生态保护与环境治理投资单项指标所占权重就达到了 0.3450。在油气开发的过程中，无法避免会产生物质消费和污染物的排放，而要实现油气的高质量开发，就要实现开发的低消耗、低污染、生态性和可持续性，因此生态环境监管有待进一步加强。

5.3.2 四川省油气高质量开发与生态环境监管综合发展水平评价

在对原始数据进行标准化，确定权重之后，根据建立的油气高质量开发综合评价模型和环境监管综合评价模型，计算出油气高质量开发和生态环境监管综合发展水平，结果如表 5-9 所示。

表 5-9　四川省高质量开发与生态环境监管综合发展水平评价

年份	高质量开发综合发展水平	生态环境监管综合发展水平	综合评价 T
2010	0.3176	0.0695	0.1935
2011	0.2764	0.1003	0.1883
2012	0.3432	0.1426	0.2429
2013	0.3000	0.1671	0.2335
2014	0.3290	0.2818	0.3054
2015	0.4552	0.3308	0.3930
2016	0.3795	0.3825	0.3810
2017	0.5214	0.3788	0.4501
2018	0.5586	0.5185	0.5385
2019	0.5949	0.9415	0.7682

根据计算得出的油气高质量开发综合水平、生态环境监管综合水平及二者发展综合评价指数的计算结果，绘制出三者在 10 年间的趋势发展图，如图 5-2 所示。

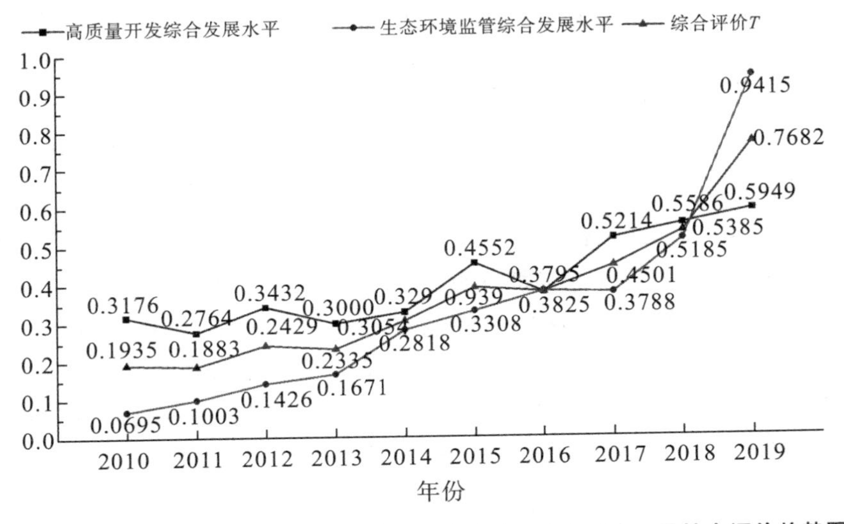

图 5-2　四川省油气高质量开发与生态环境监管综合发展水平及综合评价趋势图

1. 四川省油气高质量开发综合发展水平分析

四川省油气高质量开发综合发展水平在2010—2019年间整体呈波动上升趋势（如图5-3所示），由2010年的0.3176上升到2019年的0.5949，年均增长率为7.22%。但部分年份存在较大波动情况，2011、2013和2016年出现了明显降低。其中2011年明显降低是协调发展子系统、绿色发展子系统共同作用导致的。在协调发展方面，油气相关行业工业总产值以及油气相关行业工业利润总额、油气相关行业总投资贡献率、油气相关行业工业成本费用利润率都出现了不同程度的下降趋势，最为明显的是利润总额的下降，据相关报告，2011年中石油集团的利润下滑超过400亿元，而这主要归因于国内成品油价格宏观调控以及税费增幅较大等。在绿色发展方面，天然气消费量占能源总消费量比重、天然气消费量以及炼油转化效率与2010年相比都出现了小幅度的下跌现象。2013年明显降低是协调发展子系统、绿色发展子系统和安全子系统共同作用导致的。在协调发展方面，2013年的油气相关行业工业总产值约为2012年的1/4，而油气相关行业利润总额、总资产贡献率、工业成本费用利润率也处于下跌状态。在安全发展方面，2013年四川省新增探明天然气储量与2012年相比，探明储量仅为2012年的1/9。2016年出现大幅度的降低也是协调发展子系统和安全发展子系统共同作用导致的。在协调发展方面，油气相关行业利润总额下降到1亿元，甚至不及2015年利润总额的1/100。上述三次油气高质量开发综合发展水平的降低过程中，也正是协调发展子系统综合发展水平出现明显降低的时期，由此从侧面反映出协调发展对油气高质量开发的影响最大。

2010—2015年四川省油气高质量开发综合水平在波动中缓慢提高，由0.3176提高到0.4552。油气相关行业工业总产值、利润总额等都逐年增加，整体趋势向好发展，但是在2015—2016年有很大程度的下降，主要是受到油价持续低迷影响，2016年我国油气资源勘查开采投资和实物工作量大幅度下滑，油气资源勘查石油公司被迫关停低效井、消减高成本油田产量。2016年之后，国际油价稳步上升，油气行业逐渐回暖，全国油气资源勘查开采投资触底回升，实物工作量明显增加。2016—2019年，四川省油气高质量开发综合发展水平呈现稳定、快速上升态势，由0.3795增长到0.5949，油气高质量开发水平明显提升。

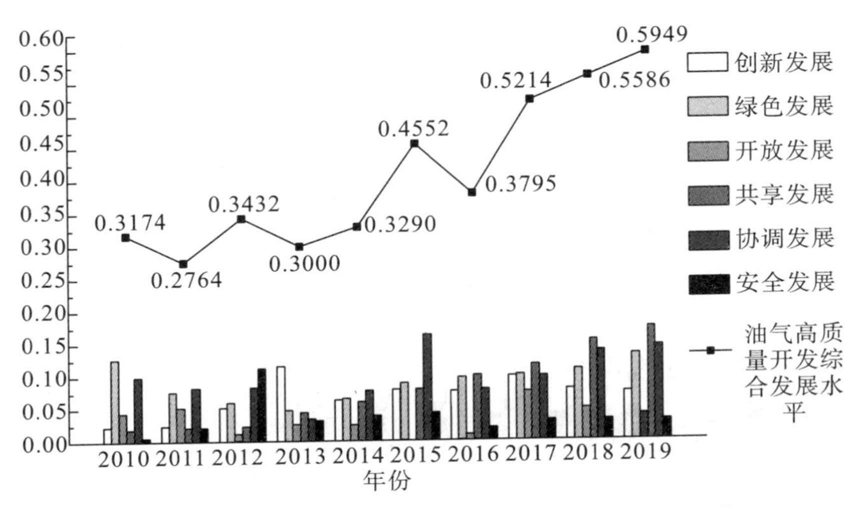

图 5-3　四川省油气高质量开发综合发展水平的变化趋势

2. 四川省生态环境监管综合发展水平分析

四川省生态环境监管综合水平在 2010—2019 年间一直保持持续上升趋势，如图 5－4 所示，由 2010 的 0.0695 提升到 2019 年的 0.9415，年均增长 33.55%，生态监管力度不断加强。从子系统来看，环保投入、环境质量、污染排放综合发展水平在 2010—2019 年基本保持持续增长趋势。环保投入水平增长幅度最大，侧面验证了环保投入对生态环境监管综合水平的影响最大，说明四川省在环保投入方面的重视程度逐渐提升；环境质量增长幅度次之；污染排放水平增长幅度最小，在 2013 年后一直低于其他子系统的发展水平，且在 2017 年受工业固体废物综合利用率的影响略有下降，是生态环境监管的薄弱环节。在今后的发展中要注重协调子系统之间的关系，加速突破污染排放这一薄弱环节，加快推进环境质量的提升，保持环保投入的力度，推动生态环境监管子系统协同进步，促进环境监管的进一步发展。

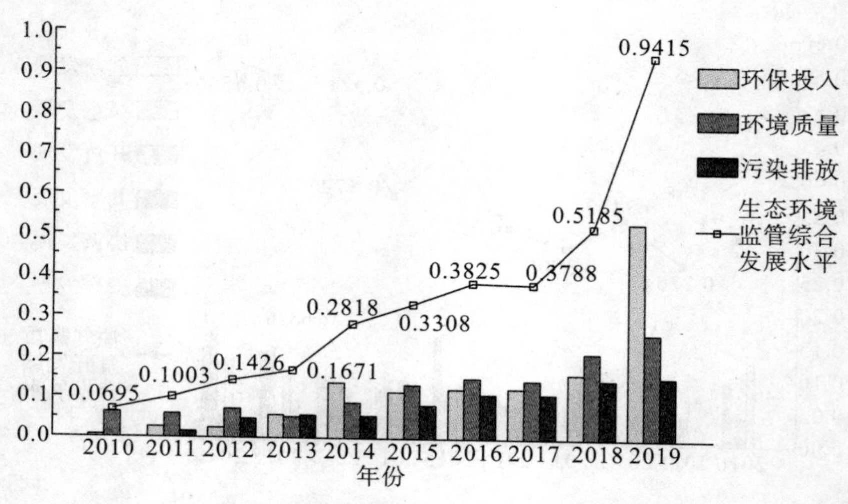

图 5-4　四川省生态环境监管综合发展水平的变化趋势

5.4　四川省油气高质量开发与生态环境监管耦合协调度评价分析

5.4.1　四川省油气高质量开发与生态环境监管耦合度及耦合协调度计算结果

5.3 节根据油气高质量开发与生态环境监管综合评价模型公式分别计算出两者的综合发展水平，本节进一步运用耦合度及耦合协调度公式计算四川省2010—2019 年油气高质量开发与生态环境监管耦合度及耦合协调度，并根据廖重斌学者提出的耦合协调度分类标准对四川省油气高质量开发与生态环境监管协调发展状况进行分类，结果如表 5-10 所示。

表 5-10　四川省油气高质量开发与生态环境监管耦合发展协调度

年份	综合评价 T	耦合度 C	耦合协调度 D	状态
2010	0.1935	0.1205	0.1527	失调衰退区间
2011	0.1883	0.3729	0.2650	
2012	0.2429	0.4734	0.3391	

续表

年份	综合评价 T	耦合度 C	耦合协调度 D	状态
2013	0.2335	0.7134	0.4082	过渡调和区间
2014	0.3054	0.9763	0.5460	
2015	0.3930	0.9035	0.5959	
2016	0.3810	0.9999	0.6172	协调发展区间
2017	0.4501	0.9033	0.6376	
2018	0.5385	0.9945	0.7318	
2019	0.7682	0.8115	0.7895	

5.4.2 四川省油气高质量开发与生态环境监管耦合协调发展结果评析

根据计算出的油气高质量开发与生态环境监管的结果绘制出四川省 2010—2019 年两者协调发展水平的趋势图，如图 5-5 所示。通过分析表 5-10 和图 5-5 可以得出，四川省在 2010—2019 年的 10 年间油气高质量开发与环境监管的总体协调发展水平处于上升的态势，由失调衰退区间过渡到协调发展区间。其中，处于失调衰退区的是 2010—2012 年，在这期间油气高质量开发与生态环境监管的失调程度在逐渐改善，并且油气高质量开发水平高于生态环境监管水平，为生态环境监管受阻型。处于过渡调和区间的是 2013—2015 年，在这期间生态环境监管水平落后于油气高质量开发水平，为生态环境监管滞后型。处于协调发展区间的是 2016—2019 年，在这期间油气高质量开发与生态环境监管的协调发展水平逐年提升，其中在 2016 年，出现生态环境监管水平略高于油气高质量开发水平的情况。2017—2018 年，油气高质量开发水平高于生态环境监管水平，为生态环境监管滞后型；但在这之后，随着四川省对环境监管重视程度的不断提高，生态环境监管水平逐渐超过油气高质量开发水平，油气高质量开发与生态环境监管协调发展类型转变为油气高质量开发滞后型。

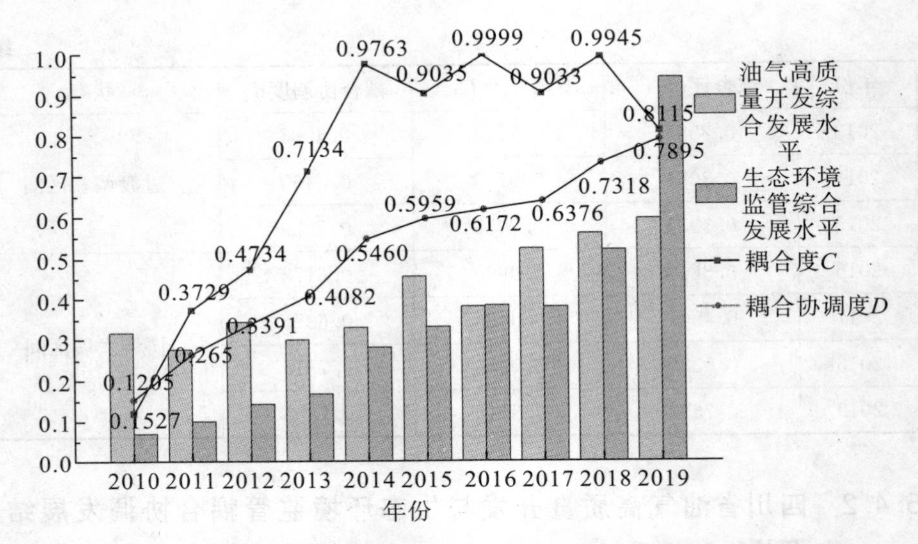

图 5-5　四川省油气高质量开发与生态环境监管协调发展水平趋势图

综上，通过对四川省油气高质量开发综合发展水平、生态环境监管综合发展水平以及油气高质量开发与生态环境监管耦合协调发展水平的分析，本书得出如下结论：

（1）从总体上来看，四川省油气高质量开发与生态环境监管的耦合协调发展在波动中不断改善，逐渐向好的协调阶段转变。耦合协调度变化明显，2010年为 0.1527，到了 2019 年就增长到 0.7895，表明研究期内四川省油气高质量开发与生态环境监管的协调发展关系不断改善，逐渐趋于协调，从严重失调阶段过渡到中级协调发展阶段。2010—2014 年，油气高质量开发综合发展水平与生态环境监管综合发展水平的曲线波动基本一致，使得受其影响的综合发展指数、协调发展指数都呈现出稳定上升的趋势，二者都获得了较高的发展水平。2014—2017 年，油气高质量开发综合发展水平与生态环境监管综合发展水平两者曲线的运动轨迹不一样导致了综合发展指数、协调发展指数较大的波动，进而使耦合协调度的波动趋势也受到了其影响。而在 2017 年之后，油气高质量开发综合发展水平与生态环境监管综合发展水平的曲线波动逐渐一致，使得综合发展指数、协调发展指数都呈现出稳定上升的趋势。因此，可以看出油气高质量开发综合发展水平与生态环境监管综合发展水平对耦合协调度有很大的影响，两者之间具有很强的相关性。

具体而言，2010 年至 2019 年四川省的油气开发以较快的速度在发展，油气高质量开发综合发展水平由 2010 年的 0.3176 增长到 2019 年的 0.5949，增长幅度较大。同时期生态环境监管综合发展水平也有很大提高，从2010年的0.0695增长到2019年的0.9415。由此可以看出，油气高质量开发水平虽然有所提高，但与生态环境监管水平相比还仍有较大差距。

（2）在过去10年间，根据四川省油气高质量开发与生态环境监管耦合协调发展的轨迹，大致可分为三个阶段：

①2010—2012年，油气高质量开发与生态环境监管的协调发展水平处于失调衰退阶段，虽然两者都有不同程度的提高，但是总体上油气高质量开发与生态环境监管的协调发展状况较差，协调发展水平不容乐观。造成不协调的主要因素是在这期间四川省重点加快油气相关行业的发展，而油气开发却会导致高污染、高耗能。据统计数据，生态保护与环境治理投资在这期间处于一个波动起伏的状态，在2011—2012年虽然有所增长，但2013年又发生了回落，与2010年投资额相当，而空气质量在这段时期也未出现显著的改善，由此可以看出生态环境监管方面未能引起重视。

②2013—2015年，油气高质量开发与生态环境监管的协调发展程度在不断提高，已经上升到过渡调和阶段。在这期间，油气行业平稳发展，全省油气相关行业利润总额不断增加，由30.0亿元提高到117.1亿元，增长了2.9倍；清洁能源消费量占比持续提升，天然气管道长度建设不断推进，铺设长度由28368公里增加到39839公里。这些数据表明，一方面油气高质量开发水平在不断提高的同时对生态环境质量的要求也越来越高；另一方面四川省这几年逐渐意识到保护环境的重要性，把对环境的保护提升到战略高度，不断加大对环境的监管力度，下大决心和力气来保护环境，所以近几年四川省油气高质量开发与生态环境监管的协调水平不断得到提升。

③2016—2019年，油气高质量开发与生态环境监管的耦合协调水平提升到协调发展阶段，协调状况不断得到改善。2016—2018年，油气高质量开发与生态环境监管的耦合协调发展较为缓慢，这是由于油气高质量开发保持高速发展的同时而环境变化状况不是很明显，导致生态环境监管水平较大程度落后于油气高质量开发水平，生态环境监管处于滞后状态。2016年生态监管水平以微乎其微的优势“险胜”油气高质量开发水平，这主要是受到油价持续低迷影响，油气相关行业利润总额从2015年的117.1亿元猛跌到2016年的1.06亿元。另外，2012年开始的雾霾频发引发了越来越多的社会各界对环境问题的关注，对生态环境的投资持续增加，特别是2013、2014、2016年。生态环境的大量投资也带来了生态环境监管综合发展水平显著提升，甚至大幅度超越了油气高质量开发水平，从而促进了油气高质量开发与生态环境监管的协调发

展速度的提升。因此，四川省在未来油气开发的过程中，环境监管和高质量发展要两手一起抓，油气开发不能以牺牲环境作为代价，只有这样生态环境监管效果才能真正落实，油气高质量开发与生态环境监管才能达到更高的耦合协调发展水平。

5.4.3 油气高质量开发与生态环境监管协调发展过程中阻滞因素的分析

根据油气高质量开发和生态环境监管两个系统的综合评价指数的数值大小排序，对上述耦合协调发展类型再进一步划分，两个系统中综合评价指数数值更低的系统为该类型中的阻滞因素，若是失调衰退类型则是该类型的受阻因素，若是协调发展类型则是该类型的滞后因素，如表 5-11。

表 5-11 耦合协调发展类型再分类

年份	高质量开发综合发展水平	生态环境监管综合发展水平	状态耦合	协调发展类型
2010	0.3176	0.0695	严重失调衰退	生态环境监管受阻
2011	0.2764	0.1003	中度失调衰退	生态环境监管受阻
2012	0.3432	0.1426	轻度失调衰退	生态环境监管受阻
2013	0.3000	0.1671	濒临失调衰退	生态环境监管受阻
2014	0.3290	0.2818	勉强协调发展	生态环境监管滞后
2015	0.4552	0.3308	勉强协调发展	生态环境监管滞后
2016	0.3795	0.3825	初级协调发展	高质量开发滞后
2017	0.5214	0.3788	初级协调发展	生态环境监管滞后
2018	0.5586	0.5185	中级协调发展	生态环境监管滞后
2019	0.5949	0.9415	中级协调发展	高质量开发滞后

为了研究油气高质量开发系统和生态环境监管系统的阻滞因素，运用 5.1.2 节相关性分析方法，根据公式（5-1）计算出两系统综合发展水平影响因素的相关性大小，从而找出影响油气高质量开发系统和生态环境监管系统的阻滞因素的具体因素。

1. 油气高质量开发系统与生态环境监管系统各项一级指标相关性分析

在油气高质量开发系统与生态环境监管系统各项一级指标大小计算的基础上进行相关性分析，结果如表 5－12 所示。

表 5－12　油气高质量开发系统与生态环境监管系统各项一级指标相关性分析

指标	创新发展	绿色发展	开放发展	共享发展	协调发展	安全发展	环保投入	环境质量	污染排放
创新发展	1								
绿色发展	−0.224	1							
开放发展	−0.044	0.375	1						
共享发展	0.487	0.578	0.236	1					
协调发展	−0.082	0.669*	0.010	0.588	1				
安全发展	0.043	−0.486	−0.401	−0.200	−0.043	1			
环保投入	0.266	0.532	0.094	0.813**	0.514	−0.118	1		
环境质量	0.314	0.671*	0.152	0.971**	0.700*	−0.145	0.855**	1	
污染排放	0.603	0.409	0.090	0.969**	0.506	−0.030	0.745*	0.928**	1

** 表示在 0.01 级别（双尾）相关性显著。

* 表示在 0.05 级别（双尾）相关性显著。

在影响油气高质量开发系统与生态环境监管系统综合发展水平的各项一级指标中，相关性较大的有以下几项：

共享发展因素与环保投入因素、环境质量因素和污染排放因素的 Pearson 相关系数值分别为 0.813、0.971 和 0.969，并且呈现出 0.01 水平的显著性，因而说明共享发展因素与环保投入因素、环境质量因素和污染排放因素之间有着显著的强正相关关系。绿色发展因素与环境质量因素、协调发展因素与环境质量因素的 Pearson 相关系数值分别为 0.671 和 0.700，并且呈现出 0.05 水平的显著性，它们之间的相关性略低于共享发展因素与环保投入因素、环境质量因素和污染排放因素的相关性。而共享发展因素、绿色发展因素和协调发展因素影响着油气高质量开发系统综合发展水平，环保投入因素、环境质量因素和污染排放因素是生态环境监管系统综合发展水平的影响因素，这正说明了油气高质量开发系统和生态环境监管系统是一对相互关联和影响的系统。

在影响油气高质量开发系统的各项因素中，绿色发展因素与协调发展因素的 Pearson 相关系数值为 0.669，并且呈现出 0.05 水平的显著性，因而绿色发展因素与协调发展因素之间有着显著的正相关关系，说明在影响油气高质量开发系统的各项因素中，绿色发展因素与协调发展因素关系比较紧密，而创新发展因素、开放发展因素、共享发展因素和安全发展因素则相对独立。

在影响生态环境监管系统的各项因素中，环保投入因素与环境质量因素的 Pearson 相关系数值为 0.855，环境质量因素与污染排放因素的 Pearson 相关系数值为 0.928，并且呈现出 0.01 水平的显著性，因而环保投入因素与环境质量因素之间、环境质量因素与污染排放因素之间都有着显著的强正相关关系。环保投入因素与污染排放因素之间的相关性相对而言就较低，它们之间的 Pearson 相关系数值为 0.745，呈现出 0.05 水平的显著性。

2. 影响油气高质量开发系统综合发展水平的各项因素相关性分析

在油气高质量开发系统综合发展水平与影响油气高质量开发系统综合发展水平的各项一级指标计算的基础上，将影响油气高质量开发系统综合发展水平的各项一级指标值作为自变量，油气高质量开发系统综合发展水平作为因变量，进行相关性分析，结果如表 5－13 所示。

表 5－13　油气高质量开发系统综合发展水平影响因素相关性分析

指标	高质量开发	创新发展	绿色发展	开放发展	共享发展	协调发展	安全发展
高质量开发	1						
创新发展	0.408	1					
绿色发展	0.638*	−0.224	1				
开放发展	0.292	−0.044	0.375	1			
共享发展	0.936**	0.487	0.578	0.236	1		
协调发展	0.747*	−0.082	0.669*	0.010	0.588	1	
安全发展	−0.049	0.043	−0.486	−0.401	−0.200	−0.043	1

** 表示在 0.01 级别（双尾）相关性显著。

* 表示在 0.05 级别（双尾）相关性显著。

在影响油气高质量开发系统综合发展水平的各项因素中，共享发展因素与油气高质量开发系统综合发展水平的关系最为密切，Pearson 相关系数值为 0.936；协调发展因素、绿色发展因素与油气高质量开发系统综合发展水平的关系相对密切，Pearson 相关系数值分别为 0.747、0.638。这说明对油气高质量开发系统综合发展水平影响最大的因素是共享发展因素，其次为协调发展因素和绿色发展因素。

3. 影响生态环境监管系统综合发展水平的各项因素相关性分析

在生态环境监管系统综合发展水平与影响生态环境监管系统综合发展水平的各项一级指标计算的基础上，将影响生态环境监管系统综合发展水平的各项一级指标值作为自变量，生态环境监管系统综合发展水平作为因变量，进行相关性分析，结果如表 5−14 所示。

表 5−14 生态环境监管系统综合发展水平影响因素相关性分析

指标	生态环境监管	环保投入	环境质量	污染排放
生态环境监管	1			
环保投入	0.964**	1		
环境质量	0.956**	0.855**	1	
污染排放	0.887**	0.745*	0.928**	1

** 表示在 0.01 级别（双尾）相关性显著。

* 表示在 0.05 级别（双尾）相关性显著。

在影响生态环境监管系统综合发展水平的各项因素中，与生态环境监管系统综合发展水平关系最为密切的因素为环保投入因素，其次为环境质量因素和污染排放因素，它们的 Pearson 相关系数值分别为 0.964、0.956 和 0.887。在生态环境监管系统中，各影响因素与生态环境监管系统综合发展水平的关系都比较密切，说明环保投入因素、环境质量因素和污染排放因素对生态环境监管系统综合发展水平的影响程度相差不大。

4. 影响耦合度与耦合协调度值的各项因素相关性分析

在耦合度、耦合协调度值与影响耦合度、耦合协调度值的各项一级指标计算的基础上，将影响耦合度、耦合协调度值的各项一级指标值作为自变量，耦合度、耦合协调度值作为因变量，进行相关性分析，结果如表 5−15 所示。

表 5−15　耦合度、耦合协调度值影响因素相关性分析

指标	耦合度	耦合协调度
创新发展	0.716*	0.619
绿色发展	−0.038	0.321
开放发展	−0.156	0.023
共享发展	0.700*	0.937**
协调发展	0.237	0.516
安全发展	−0.012	−0.044
环保投入	0.430	0.748*
环境质量	0.587	0.883**
污染排放	0.786**	0.964**

** 表示在 0.01 级别（双尾）相关性显著。

* 表示在 0.05 级别（双尾）相关性显著。

在影响耦合度的各项因素中，与耦合度关系最为密切的因素为污染排放因素，其次为创新发展因素和共享发展因素，它们的 Pearson 相关系数值分别为 0.786、0.716 和 0.700。在影响耦合度协调度的各项因素中，与耦合度协调度关系最为密切的因素为污染排放因素和共享发展因素，其次为环境质量因素和环保投入因素，它们的 Pearson 相关系数值分别为 0.964、0.937、0.833 和 0.748。

5. 耦合协调等级及其影响因素分析

根据耦合协调度 D 值的大小将耦合协调等级划分为十个等级，每 0.1 个刻度划分一个耦合协调等级：当 D 值为［0－0.1）时，是Ⅰ级；当 D 值为［0.1－0.2）时，是Ⅱ级；当 D 值为［0.2－0.3）时，是Ⅲ级；当 D 值为［0.3－0.4）时，是Ⅳ级；当 D 值为［0.4－0.5）时，是Ⅴ级；当 D 值为［0.5－0.6）时，是Ⅵ级；当 D 值为［0.6－0.7）时，是Ⅶ级；当 D 值为［0.7－0.8）时，是Ⅷ级；当 D 值为［0.8－0.9）时，是Ⅸ级；当 D 值为［0.9－1］时，是Ⅹ级。

利用相关分析研究耦合协调等级与各项影响因素间的相关关系，使用 Pearson 相关系数来表示相关关系的强弱程度，得出耦合协调等级与各项影响因素的相关性矩阵表，可以看出各影响因素对耦合协调等级的影响大小，如表

5－16所示。

表5－16 耦合协调等级影响因素相关性分析

指标	耦合协调等级
创新发展	0.674*
绿色发展	0.266
开放发展	0.030
共享发展	0.923**
协调发展	0.417
安全发展	－0.042
环保投入	0.693*
环境质量	0.848**
污染排放	0.966**

** 表示在0.01级别（双尾）相关性显著。

* 表示在0.05级别（双尾）相关性显著。

在影响耦合协调等级的各影响因素中，按照对耦合协调等级的影响力大小排序，依次为污染排放因素、共享发展因素、环境质量因素、环保投入因素和创新发展因素；它们与耦合协调等级的Pearson相关系数分别为0.966、0.923、0.848、0.693和0.674。

6. 结论

综上所述，可以得出以下结论：

（1）2010—2013年，四川省生态环境监管受阻现象显著，一方面生态环境监管和油气高质量开发综合发展水平不匹配，另一方面两系统的综合发展水平都比较低，这是导致四川省油气高质量开发和生态环境监管系统间早期耦合协调程度低下的主要原因。对于生态环境监管和油气高质量开发综合发展水平不匹配的问题，通过油气高质量开发系统与生态环境监管系统各项一级指标相关性分析可以知道，油气高质量开发系统中共享发展因素与生态环境监管系统中环保投入因素、环境质量因素和污染排放因素之间有着显著的强正相关关系，因此说明共享发展因素、环保投入因素、环境质量因素和污染排放因素是两系统综合发展水平匹配与否的影响因素。对于两系统的综合发展水平都比较低的问题，分析发现2010—2013年4年间生态环境监管系统综合发展水平比油气高质量开发系统综合发展水平低很多，2010年生态环境监管的综合发展评价指数甚至不到油气高质量开发的1/4，因此生态环境监管系统综合发展水平过低是两系统协调发展滞后的主要原因。而在本书5.3节生态环境监管系统的评价指标权重中可以看出，环保投入在生态环境监管系统中所占权重过半，而生态保护和环境治理投资单项指标的权重就达到了34.5%。前期数据调查显示，2010年的生态保护和环境治理投资为5.93亿元，而在此后的3年间，尽管投资额度逐年有所增加，增长幅度仍不够明显；同时，通过对影响生态环境监管系统综合发展水平的各项因素相关性分析，也可以看出与生态环境监管系统综合发展水平关系最为密切的因素为环保投入因素。因此此时为了提高协调发展水平，应加大环保投入，提升生态环境监管水平，降低甚至消除生态环境监管水平落后带来的消极影响。

（2）2014—2018年，四川省油气高质量开发与生态环境监管耦合协调发展水平较早期有所改善，实现了耦合发展类型从衰退状态向协调发展阶段的转变，但协调发展水平仍处于初级阶段，仍然为生态环境监管滞后型。调查数据显示，生态保护和环境治理投资2018年投资量约为2010年的3.95倍，实现了较大程度的提升。PM2.5平均浓度在整个生态环境监管系统中所占权重仅次于生态保护和环境治理投资。尽管2018年PM2.5平均浓度与2010年相比下降幅度约为43%，但PM10平均浓度下降幅度只约为26.8%。与此同时，优良天数率在这期间逐渐降低，由此可以看出空气质量仍然是生态环境监管中需要进行重点关注的一环，要从多个方面入手进行改善；除此之外，从调查数据中还发现2018年水利、环境、公共设备管理业就业人数总体上与2010年相比有所增加，而与2014年相比下降了约20.4%，因此在这方面也需要进一步加强。此外还有污染排放中工业固体废物综合利用率在这期间也出现了下降的趋势，应该引起重视。2016年短暂的出现过油气高质量开发滞后，据调查数据显示，主要是受到油气相关行业投资、油气相关行业工业成本费用利润率降低的影响，但两个系统的综合发展水平差距较小；在2017年则又变成了生态环境监管滞后型。生态环境监管的滞后，制约着油气高质量开发与生态环境监管协调发展水平的提升，可以通过有针对地逐一改善系统中权重较大的因素，从而实现整个系统的向好发展，促进协调发展水平的进一步提升。

（3）2019年，油气高质量开发与生态环境监管耦合协调发展水平持续向好发展，但现阶段耦合协调发展类型已经转变为高质量开发滞后型。此时，油气高质量开发系统综合发展水平已经低于生态环境监管系统的综合发展水平，通过影响油气高质量开发系统综合发展水平的各项因素相关性分析可以看出，对油气高质量开发系统综合发展水平影响最大的因素是共享发展因素，其次为协调发展因素和绿色发展因素。同时，从本书5.3节中油气高质量开发系统的评价指标权重可以看出，共享发展因素、协调发展因素和绿色发展因素在油气高质量开发系统中所占权重达到了64.98%，超过了总权重的一半，说明对油气高质量开发系统综合发展水平影响最大的因素是共享发展因素、协调发展因素和绿色发展因素。调查数据显示，2010—2019年间，探明天然气储量虽然累计总量一直处于上升趋势，但总体波动起伏较大；此外，油气相关原料出口金额变化起伏也十分明显，峰值出现在2017年，出口金额为3920万美元，而在2019年下降到了865万美元，降幅为77.9%。

5.5 四川省油气高质量开发与生态环境监管耦合协调趋势预测

由于本书数据是从2010年到2019年10年间的数据，数据量相对较少；再加上油气高质量开发与生态环境监管交互影响决定两者的耦合协调度，而两者的交互机制是“灰色”的，也就是说有一定的认识，但不是特别清楚。为了避免产生较大的误差，本书采用灰色预测模型进行预测。

5.5.1 灰色预测模型的构建

灰色预测模型（Gray Forecast Model）是通过少量的、不完全的信息，建立数学模型并做出预测的一种预测方法。灰色预测模型是基于灰色系统理论进行构建的。信息完全确定的系统称为白色系统，信息完全未确定的系统称为黑色系统（黑箱）。灰色系统就是介于这两者之间的，一部分信息是已知的，另一部分信息是未知的，系统内各因素间有不确定的关系的系统。灰色系统理论认为，尽管系统客观表象复杂，但总是有整体功能的，因此必然蕴含某种内在规律，关键在于如何选择适当的方式去挖掘和利用已知信息。灰色系统是通过对已知数据的整理来寻求其整体规律的，这是一种就已知数据探求整体数据的现实规律的途径。灰色系统有以下几个特点：①用灰色理论处理不确定量，使之量化。②充分利用已知信息寻求系统的变化规律。③灰色系统理论能处理贫信息系统。

基于以上特点，灰色预测模型与回归和神经网络预测模型相比，对于小样本预测问题具有比较理想的效果。灰色预测模型是处理小样本预测问题的有效工具。灰色预测模型的构建有以下几个步骤：

（1）产生累加序列。

设 $X^{(0)}=(x_1^{(0)}, x_2^{(0)}, \cdots, x_n^{(0)})$ 是非负原始序列，一次累加产生的累加序列为：

$$X^{(1)}=(x_1^{(1)}, x_2^{(1)}, \cdots, x_n^{(1)}) \tag{5-14}$$

其中

$$x_t^{(1)}=\sum_{i=1}^{t} x_i^{(0)} \ (t=1, 2, \cdots, n) \tag{5-15}$$

（2）产生滑动平均序列。

设

$$Z^{(1)}=(z_2^{(1)}, z_3^{(1)}, \cdots, z_n^{(1)}) \tag{5-16}$$

为滑动平均序列，其中

$$z_t^{(1)}=\alpha x_{t-1}^{(1)}+(1-\alpha)\ x_t^1 \ (t=2, 3, \cdots, n) \tag{5-17}$$

其中，权重 α 称为滑动平均系数。一般取滑动平均系数 $\alpha=0.5$，此时称该序列为均值序列。

（3）构建灰色模型 GM（1，1）。

灰色模型 GM（1，1）的基本形式为 $x_t^{(0)}+az_t^{(1)}=b$。其中 $x_t^{(0)}$ 为原始序列；$z_t^{(1)}$ 为滑动平均序列；a，b 为待定系数，a 称为发展系数，b 称为灰色作用量。

相应的 GM（1，1）白化微分方程为：

$$\frac{\mathrm{d}x_t^{(1)}}{\mathrm{d}t}+ax_t^{(1)}=b \ (t=2, 3, \cdots, n) \tag{5-18}$$

将灰微分方程移项得：

$$-az_t^{(1)}+b=x_t^{(0)} \ (t=2, 3, \cdots, n) \tag{5-19}$$

按照矩阵的方法列出

$$\begin{bmatrix} -z_2^{(1)} & 1 \\ -z_3^{(1)} & 1 \\ \vdots & \vdots \\ -z_n^{(1)} & 1 \end{bmatrix} \begin{bmatrix} a \\ b \end{bmatrix} = \begin{bmatrix} x_2^{(0)} \\ x_3^{(0)} \\ \vdots \\ x_n^{(0)} \end{bmatrix} \tag{5-20}$$

其中，$\boldsymbol{A}=\begin{bmatrix} -z_2^{(1)} & 1 \\ -z_3^{(1)} & 1 \\ \vdots & \vdots \\ -z_n^{(1)} & 1 \end{bmatrix}$，$\boldsymbol{\beta}=\begin{bmatrix} a \\ b \end{bmatrix}$，$\boldsymbol{Y}=\begin{bmatrix} x_2^{(0)} \\ x_3^{(0)} \\ \vdots \\ x_n^{(0)} \end{bmatrix}$，则 GM（1，1）就可以表示为

$$\boldsymbol{A\beta}=\boldsymbol{Y} \tag{5-21}$$

由最小二乘法可以确定参数矩阵 β 的估计值：

$$\hat{\boldsymbol{\beta}}=(\boldsymbol{A}^{\mathrm{T}}\boldsymbol{A})^{-1}\boldsymbol{A}^{\mathrm{T}}\boldsymbol{Y} \tag{5-22}$$

由此得到参数 a，b 的估计值，代入白化微分方程可得到序列 $x_t^{(1)}$ 的通解：

$$\hat{x}_t^{(1)}=\left(x_1^{(0)}-\frac{b}{a}\right)\mathrm{e}^{-a(t-1)}+\frac{b}{a}\quad(t=2,\ 3,\ \cdots,\ n) \tag{5-23}$$

还原成原始数列即得到预测函数：

$$\hat{x}_t^{(0)}=\left(x_1^{(0)}-\frac{b}{a}\right)\mathrm{e}^{-a(t-1)}(1-\mathrm{e}^{a})\quad(t=2,\ 3,\ \cdots,\ n) \tag{5-24}$$

由此，可得到非负原始序列 $X^{(0)}=(x_1^{(0)},\ x_2^{(0)},\ \cdots,\ x_n^{(0)})$ 的预测序列为 $\hat{X}^{(0)}=(\hat{x}_1^{(0)},\ \hat{x}_2^{(0)},\ \cdots,\ \hat{x}_t^{(0)})$。

（4）检验。

灰色模型的精度检验一般有三种方法：相对误差大小检验法、关联度检验法和后验差检验法。其中后验差检验法为检验灰色模型精度的常用方法。其步骤如下：

①计算残差序列。

$$\begin{aligned}E^{(0)}&=(E^{(1)},\ E^{(2)},\ \cdots,\ E^{(n)})\\&=(|x_1^{(0)}-\hat{x}_1^{(0)}|,\ |x_2^{(0)}-\hat{x}_2^{(0)}|,\ \cdots,\ |x_n^{(0)}-\hat{x}_n^{(0)}|)\end{aligned} \tag{5-25}$$

②计算原始序列 $X^{(0)}$ 的方差 S_1 和残差 $E^{(0)}$ 的方差 S_2。

$$S_1=\frac{1}{n}\sum_{t=1}^{n}(x_t^{(0)}-\bar{x})^2 \tag{5-26}$$

$$S_2=\frac{1}{n}\sum_{t=1}^{n}(E^{(t)}-\bar{E})^2 \tag{5-27}$$

③计算后验差比。

$$c=\frac{S_2}{S_1} \tag{5-28}$$

④预测模型精度等级表。

根据以下四种预测等级，确定模型的精度（见表 5−17）。

表 5−17 精度检验参照表

模型精度等级	后验差比 c
一级（好）	$c\leqslant 0.35$

续表

模型精度等级	后验差比 c
二级（合格）	$0.35<c\leqslant 0.5$
三级（勉强）	$0.5<c\leqslant 0.65$
四级（不合格）	$c>0.65$

5.5.2 四川省油气高质量开发与生态环境监管综合发展水平预测

四川省油气高质量开发系统综合发展指数原始序列 $X^{(0)}$ 和四川省环境监管综合发展指数原始序列 $Y^{(0)}$ 如表 5－18 所示。

表 5－18　油气高质量开发与生态环境监管综合发展水平指数原始序列

序列	1	2	3	4	5	6	7	8	9	10
$X^{(0)}$	0.3176	0.2764	0.3432	0.3000	0.3290	0.4552	0.3795	0.5214	0.5586	0.5949
$Y^{(0)}$	0.0695	0.1003	0.1426	0.1671	0.2818	0.3308	0.3825	0.3788	0.5185	0.9415

由公式（5－22），通过最小二乘法得四川省油气高质量开发和生态环境监管 GM（1，1）的参数为：$\begin{bmatrix} a_x \\ b_x \end{bmatrix}=\begin{bmatrix} -0.099 \\ 0.2267 \end{bmatrix}$ $\begin{bmatrix} a_y \\ b_y \end{bmatrix}=\begin{bmatrix} -0.2637 \\ 0.0614 \end{bmatrix}$

代入公式（5－23），求得两者白化微分方程的通解为

$$\hat{x}_t^{(1)}=(2.6075)\mathrm{e}^{0.099(t-1)}-2.2899\ (t=2,3,\cdots,n) \quad (5-29)$$

$$\hat{x}_t^{(1)}=(0.30234)\mathrm{e}^{0.2637(t-1)}-0.23284\ (t=2,3,\cdots,n) \quad (5-30)$$

还原成原始数列即得到预测函数

$$\hat{x}_t^{(0)}=2.6075\mathrm{e}^{0.099(t-1)}(1-\mathrm{e}^{-0.099})\ (t=2,3,\cdots,n) \quad (5-31)$$

$$\hat{x}_t^{(0)}=0.30234\mathrm{e}^{0.2637(t-1)}(1-\mathrm{e}^{-0.2637})\ (t=2,3,\cdots,n) \quad (5-32)$$

根据以上方程得出结果，如表 5－19 和表 5－20 所示。

表 5－19　四川省油气高质量开发综合发展指数灰色系统预测值与实际值比较

年份	实际值	预测值	残差
2010	0.3176	—	—
2011	0.2764	0.2714	0.005
2012	0.3432	0.2996	0.0436
2013	0.3000	0.3308	0.0308

续表

年份	实际值	预测值	残差
2014	0.3290	0.3652	0.0362
2015	0.4552	0.4032	0.0520
2016	0.3795	0.4451	0.0656
2017	0.5214	0.4914	0.0300
2018	0.5586	0.5425	0.0161
2019	0.5949	0.5989	0.0040

表5－20　四川省生态环境监管综合发展指数灰色系统预测值与实际值比较

份	实际值	预测值	残差
2010	0.0695	—	—
2011	0.1003	0.0913	0.0090
2012	0.1426	0.1188	0.0238
2013	0.1671	0.1546	0.0125
2014	0.2818	0.2013	0.0805
2015	0.3308	0.2620	0.0688
2016	0.3825	0.3411	0.0414
2017	0.3788	0.4439	0.0651
2018	0.5185	0.5779	0.0594
2019	0.9415	0.7522	0.1893

后验差比值

$$c_x=\frac{S_e}{S_x}=\frac{0.000383}{0.01211}=0.031653$$

$$c_y=\frac{S_e}{S_y}=\frac{0.002375}{0.059919}=0.03963$$

参照精度等级表，该预测模型后验差比值属于二级标准，可预测四川省未来10年的油气高质量开发和生态环境监管综合发展指数。需要说明的是，在上文中油气高质量开发与生态环境监管的原始数据都是经过标准化处理的，并且由公式（5－6）和（5－7）可知，计算出的油气高质量开发与生态环境监管系统综合发展指数是相对指标，只是代表一段时期内的相对大小，其数值在不同时期不具可比性。因此，通过灰色预测模型预测出的四川省2020—2029年油气高质量开发和生态环境监管系统综合发展指数也要进行标准化处理：

$$f_B(Z)=\frac{f_A(Z)-\min(f_A(Z))}{\max(f_A(Z))-\min(f_A(Z))} \tag{5-33}$$

其中，$f_B(Z)$ 为经过标准化处理的预测值，$f_A(Z)$ 为通过灰色预测模型预测出的两系统的综合发展指数预测值，$\max(f_A(Z))$ 与 $\min(f_A(Z))$ 分别为 2020—2029 年一段时期内两系统发展水平的峰值与谷值。

油气高质量开发和生态环境监管系统综合发展指数的预测值与标准化处理后的预测值如表 5-21 所示。

表 5-21　四川省油气高质量开发和生态环境监管综合发展指数灰色系统预测值及标准化处理

年份	$f_A(Z_1)$	$f_A(Z_2)$	$f_B(Z_1)$	$f_B(Z_2)$
2020	0.6612	0.9791	0.0000	0.0000
2021	0.7300	1.2745	0.0724	0.0310
2022	0.8059	1.6590	0.1523	0.0714
2023	0.8898	2.1594	0.2407	0.1239
2024	0.9823	2.8109	0.3380	0.1923
2025	1.0845	3.6588	0.4456	0.2813
2026	1.1973	4.7626	0.5644	0.3972
2027	1.3218	6.1994	0.6954	0.5481
2028	1.4593	8.0696	0.8402	0.7444
2029	1.6111	10.504	1.0000	1.0000

为了进一步说明油气高质量开发系统与生态环境监管系统的演化过程，更精确地预测油气高质量开发系统与生态环境监管系统综合发展水平趋势，利用 Origin 软件将 2010—2019 年四川省油气高质量开发综合发展指数与生态环境监管综合发展指数分别进行 Logistic 函数拟合与 Boltzmann 函数拟合。通过拟合曲线预测出油气高质量开发综合发展指数与生态环境监管综合发展指数，并与灰色预测模型预测出的两系统的综合发展指数标准化处理后的预测值进行加权平均，最终得到更为精确的油气高质量开发综合发展指数与生态环境监管综合发展指数预测值。加权平均方式为

$$f_D(Z)=\alpha f_B(Z)+\beta f_C(Z) \tag{5-34}$$

其中，$f_D(Z)$ 为经过加权平均后的预测值；$f_B(Z)$ 为经过标准化处理的

预测值；$f_C(Z)$ 为通过拟合曲线预测出的两系统的综合发展指数预测值；α 与 β 为权重系数，这里取 $\alpha=\beta=0.5$。

2010—2019 年四川省油气高质量开发综合发展指数曲线拟合结果如图 5-6 所示。拟合结果显示，过去十年间，四川省油气高质量开发综合发展指数主要呈显著增长态势，仅在 2016 年出现较为明显的下降趋势，R^2 值达到 0.903。

2010—2019 年四川省生态环境监管综合发展指数曲线拟合结果如图 5-7 所示。拟合结果显示，过去十年间，四川省生态环境监管综合发展指数主要呈显著增长态势，仅在 2017 年出现较为明显的下降趋势，R^2 值达到 0.968。特别要指出的是，2019 年四川省生态环境监管综合发展指数出现急剧的上升，对其主要原因进行探究发现，2019 年四川省环保投入水平增长幅度达到最大，生态保护和环境治理投资达到 9903617 万元，说明四川省在环保投入方面的重视程度逐渐提升。但是，在对生态环境监管综合发展指数进行曲线拟合的时候，2019 年的数据与其他年份的数据差异过大，因此将 2019 年的数据剔除，只用前 9 年的数据进行拟合。

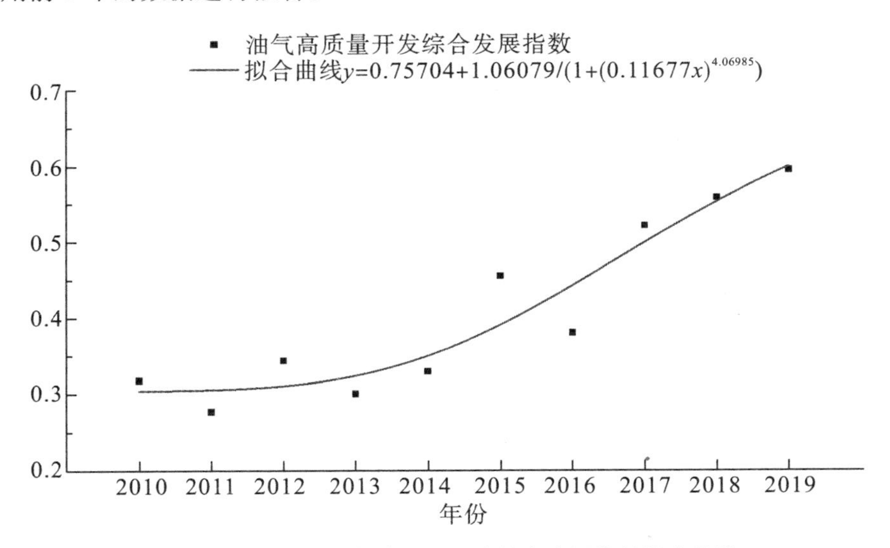

图 5-6 四川省油气高质量开发综合发展指数拟合曲线

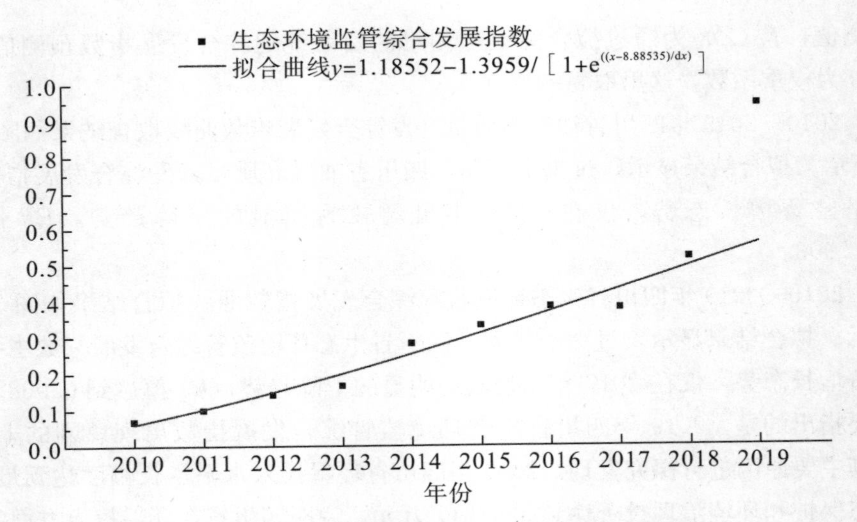

图 5-7　四川省生态环境监管综合发展指数拟合曲线

通过 2010—2019 年四川省油气高质量开发与生态环境监管综合发展指数拟合曲线，可以计算出 2020—2029 年四川省油气高质量开发与生态环境监管综合发展指数的预测值，如表 5-22 所示。

表 5-22　油气高质量开发与生态环境监管综合发展指数的拟合曲线预测值

年份	2020	2021	2022	2023	2024	2025	2026	2027	2028	2029
$f_C(Z_1)$	0.6370	0.6655	0.6870	0.7030	0.7150	0.7240	0.7308	0.7360	0.7400	0.7431
$f_C(Z_2)$	0.6191	0.6779	0.7350	0.7885	0.8371	0.8824	0.9225	0.9591	0.9909	0.9909

通过公式（5-34）计算出未来十年油气高质量开发综合发展指数与生态环境监管综合发展指数加权平均预测值，如图 5-8 所示。

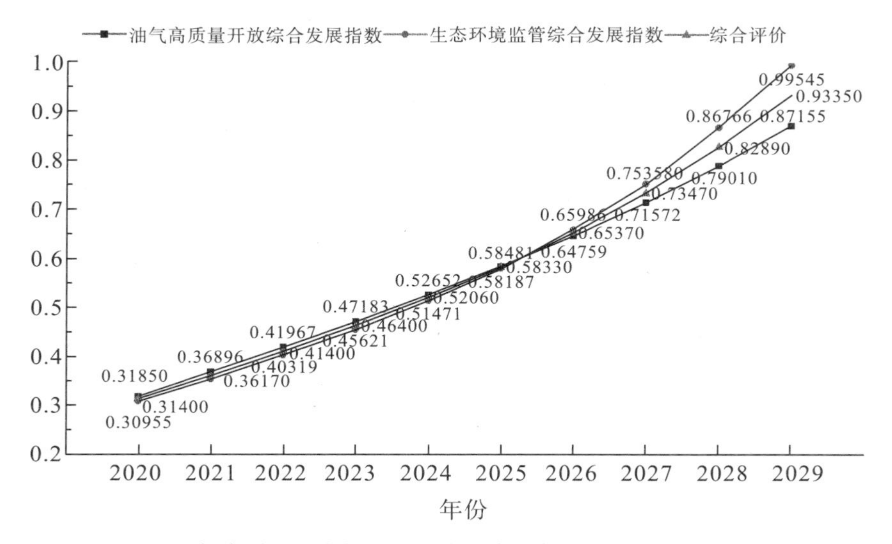

图 5-8　油气高质量开发与生态环境监管综合发展水平加权平均预测图

5.5.3　四川省油气高质量开发与生态环境监管耦合协调度预测及结果分析

利用 2020—2029 年四川省油气高质量开发与生态环境监管综合发展指数加权平均预测值数据，代入耦合协调度模型中，通过公式（5－12）与公式(5－13)便可计算出未来十年四川省油气高质量开发与生态环境监管耦合度、耦合协调度的预测值，如表 5－23、图 5－9 所示。

表 5-23　四川省油气高质量开发与生态环境监管耦合度、耦合协调度未来变化预测表

预测单元	2020	2021	2022	2023	2024	2025	2026	2027	2028	2029
耦合度	0.9992	0.9984	0.9984	0.9989	0.9995	1.0000	0.9996	0.9973	0.9913	0.9825
耦合协调度	0.5602	0.6009	0.6409	0.6808	0.7213	0.7638	0.8084	0.8560	0.9064	0.9577

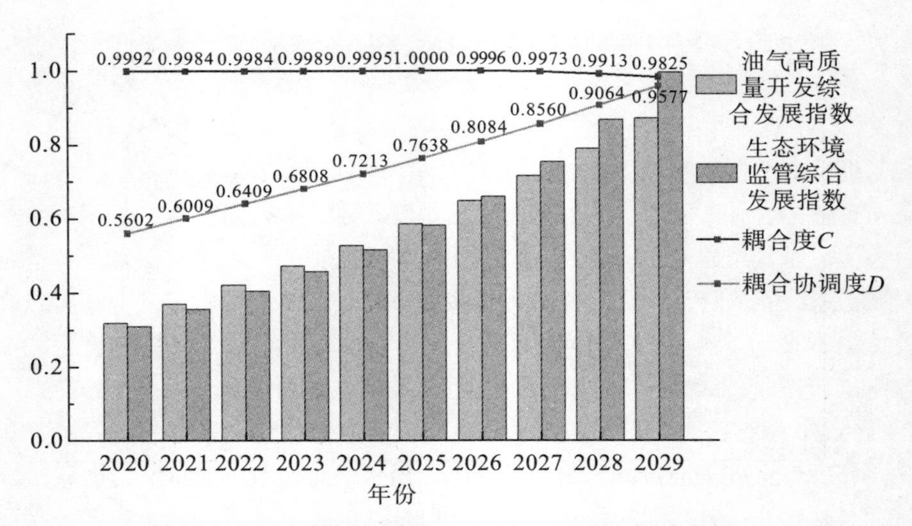

图 5-9　四川省油气高质量开发与生态环境监管耦合度、耦合协调度未来变化预测图

1. 四川省油气高质量开发与生态环境监管耦合度将会维持在一个较高水平

由表 5-23 及图 5-9 可以看出，2020—2029 年间四川省油气高质量开发与生态环境监管耦合度值会维持在一个较高水平，在这一段时期内油气高质量开发系统与生态环境监管系统会保持一个相对稳定的状态；开始阶段油气高质量开发系统与生态环境监管系统的耦合度便达到了 0.9000 以上，并且在相当长一段时间内都超过了 0.9000；但是，从油气高质量开发系统与生态环境监管系统的耦合度发展趋势来看，随着时间的推移，两系统的耦合度在经历了一段高水平的稳定期之后，预计在 2025 年两系统的耦合度值将会呈现下降态势。由动态耦合理论可知，油气高质量开发系统与生态环境监管系统正由协调发展阶段过渡到极限发展阶段。

2. 四川省油气高质量开发与生态环境监管耦合协调度将呈线性增长趋势

从耦合协调度看，未来十年四川省油气高质量开发与生态环境监管耦合协调度主要呈线性增长趋势，从 2020 年的 0.5602 逐年增长到 2029 年的 0.9577。因为在这一段时期，油气高质量开发系统的综合发展水平与生态环境监管系统的综合发展水平稳步上升，两系统的耦合协调度会随着耦合度的高水平稳定而趋于线性增长态势，这也是两系统处于协调发展阶段过渡到极限发展阶段的一个明显特征。不过根据动态耦合理论，当系统到达极限发展阶段后期时，油气高质量开发系统与生态环境监管系统会由于拮抗作用而相互影响，油气高质量开发系统的综合发展水平与生态环境监管系统的综合发展水平逐渐失衡，导致系统的耦合协调度产生波动，呈现下降态势。

从油气高质量开发与生态环境监管系统耦合协调发展类型来看，四川省油气高质量开发与生态环境监管系统未来十年的耦合协调度分布结构将从勉强协调发展和初级协调发展逐渐转变为良好协调发展和优质协调发展为主。从图5－10可以看出，2020—2023 年两系统的耦合协调类型处于勉强协调发展和初级协调发展，在这一时期四川省油气高质量开发与生态环境监管的协调发展关系不断改善，逐渐趋于中级协调；处于中级协调发展与良好协调发展阶段的是 2024—2027 年，这一时期由于油气高质量开发综合发展水平与生态环境监管综合发展水平的曲线波动高度一致，使得两系统的耦合协调发展指数呈现出稳定的线性增长趋势，可以看出两系统由于高度的相关性，其趋向一致且稳定的综合发展水平对整个系统的耦合协调度有很大影响；在 2028—2029 年，四川省油气高质量开发与生态环境监管系统已经达到了优质协调发展阶段，在这一阶段油气高质量开发系统与生态环境监管系统的综合发展水平保持高水平稳定增长，两系统的耦合度值维持在一个较高水平，耦合协调类型达到最优。但是，当油气高质量开发与生态环境监管系统经过极限发展阶段跃迁到螺旋式上升阶段时，两系统会经历新的一轮从发展水平不平衡到平衡的过程。这时两系统的耦合度和耦合协调度会产生波动，呈现阶段性下降的趋势，由于发展水平不能保持平衡，就会导致生态环境监管发展水平落后于油气高质量开发发展水平或是油气高质量开发发展水平落后于生态环境监管发展水平的情况。因此，四川省在未来发展过程中，油气高质量开发和生态环境监管要两手一起抓，不能以牺牲生态环境监管获得油气高质量开发的发展，也不能以降低油气高质量开发水平的代价求取生态环境监管水平的提升。只有保证油气高质量开发系统的综合发展水平与生态环境监管系统的综合发展水平同步稳定上升，油气高质量开发与生态环境监管系统才能通过螺旋式上升阶段达到更高的耦合协调发展水平。

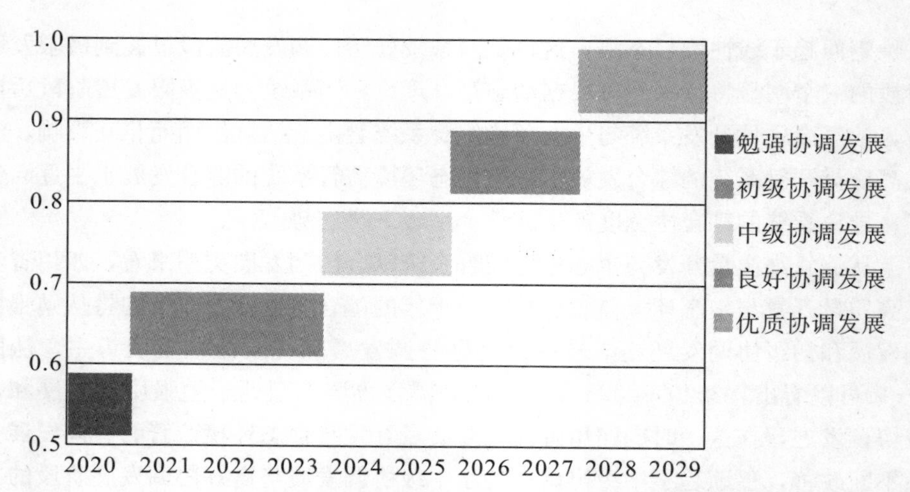

图 5-10　四川省油气高质量开发与生态环境监管耦合类型结果

5.6 四川省油气高质量开发与生态环境监管耦合协调发展过程中的问题分析

综合本章以上分析，2010—2019 年间四川省油气高质量开发和生态环境监管都有了一定程度的发展，具体而言，四川省油气高质量开发水平在十年间增幅为 87.1%。生态环境监管也得到了改善，油气高质量开发和生态环境监管的耦合程度从严重失调衰退过渡为中级协调发展。同时通过上一节的分析可知，2020—2029 年，四川省油气高质量开发系统与生态环境监管系统综合发展水平将呈现上升趋势，油气高质量开发与生态环境监管系统将逐步达到优质协调发展阶段。而这将是一个关键的节点，因为当油气高质量开发与生态环境监管系统经过极限发展阶段跃迁到螺旋式上升阶段时，两系统会经历新的一轮从发展水平不平衡到平衡的过程，此时若不及时对油气高质量开发的变化引起重视，就容易功亏一篑。因此，该阶段应努力实现两系统的平稳积极发展，但也不能为了实现油气高质量开发，轻视对生态环境的监管力度。在此，为科学合理地提出改善意见，本节就四川省油气高质量开发与生态环境监管协调发展过程中存在的问题进行了分析总结。

5.6.1 能源消耗量大，能源结构有待优化

四川省作为中国西南地区重要的油气产区，是一个以天然气为主，石油为辅的资源开发区，每年都开采出大量油气资源，但在开发过程中不可避免地会

产生大量的能源消耗。调查结果显示，2010年四川省油气开采综合能耗为65千克标油/吨原油，而到2019年为58千克标油/吨原油，虽然油气开采综合能耗有所降低，但仍有较大的改善空间。

四川省虽然是一个开发天然气为主，石油为辅的省份，但是能源消费结构与此并不相符。调查结果显示，2010年四川省石油消费量为1497万吨，2019年为2689万吨，增长幅度为79.6%；天然气消费量2010年为175亿立方米，2019年为254亿立方米，增幅为45.1%，远低于石油消费量增幅；此外，石油外省调入量也在逐年增加，从侧面反映了四川省能源结构需要进一步优化升级，增加清洁能源使用量。

5.6.2　创新能力不足，开发技术有待加强

科技创新是推动油气高质量开发的关键所在，具有高附加值、高效率等“高质量”特征。能源需求大、生产成本高等问题迫使油气开发实施创新驱动战略，以技术为突破口，降低油气开发的成本，提升开发效率。

近年来，我国的教育水平和科技实力在不断提升，培养了大批的人才，产生了大量的科研成果。但四川省油气相关行业在这方面显得有所欠缺，调查数据显示，四川省2010—2019年油气相关科技项目创新成果在逐年下跌，虽然累计总量在持续增加，但处于一个负增长的状态。油气相关企业对于开展科技创新活动的动力不足、创新能力不强的问题较为突出。在2010—2019年间，四川省油气相关企业R&D项目数增长率逐渐下降，从2011年的49.37%下降到2019年的26.83%，且年平均增长率仅14.33%；从占比情况来看，油气相关企业R&D项目数占四川省总R&D项目数比率从2010年的2.04%下降到了2019年的1.04%，年平均占比仅1.7%。在此期间，四川省油气相关企业R&D总支出费用增长率也是逐年降低，年平均增长率仅10.84%，个别年份甚至出现了负增长的现象；从占比情况来看，油气相关企业R&D总支出费用占四川省R&D总支出费用比率从2010年的2.67%下降到了2019年的1.12%，年平均占比仅1.77%。此外，四川省炼油转化效率在2010年为97.4%，而2019年下降至77.3%，反映出开采技术上的不足。

5.6.3　清洁能源普及率低，R&D人员不足

四川省油气田探明天然气地质储量位居全国前列，并实现了“川气东送”“川气出川”等，与全国各个省份共享天然气资源。但调查结果显示，清洁能源（天然气）消费量占能源总消费量比重在2010年为0.98%，经过此后的不

断发展，天然气管道长度迅速增加，在天然气供气总量持续增长的情况下，清洁能源（天然气）消费量占能源总消费量比重在2019年也仅为1.19%。天然气用气人口占总人口比也仅为27.03%。换言之，全省有接近3/4的人们的日常生活中都没有使用天然气。

调查数据显示，油气相关行业从业人员年平均人数在2010—2019年的十年期间，呈现一个逐渐下降的趋势，从2010年的8.61万人下降到2019年3.15万人。由于行业技术的进步和创新、相关管理方法的改善等，使得油气相关行业从业人员的需求量减少，说明油气相关行业的人员利用率增加。从油气相关企业R&D人员的数量来看，全省油气相关企业R&D人员数量逐年上升。从人员占比情况来看，油气相关企业R&D全时当量占油气相关行业从业人员年平均人数的比率从2010年的0.69%上升到2019年的3.40%，年平均占比仅2.67%。R&D人员对于行业内的技术进步和创新有着举足轻重的作用，因此从上面的分析可以看出，四川省油气相关行业缺乏高素质、具备专业知识的人才。

5.6.4 环保投入不足，环保意识有待提高

环境保护投入是为保护与改善环境质量和防止生态环境恶化而进行的投入，对一个国家或地区的环境保护有着十分重要的意义。根据统计资料可知，四川省在2010年的生态保护与环境治理投资为59271万元，随后九年时间，四川省不断追加环保投资，投资总额累计达到1072649万元。此外在2010年环境污染治理投资占全省GDP比重的0.45%，到2017年虽然有所增长，但也只占了2.33%。

从四川省2010—2019年的环保投资总量看，因为具有丰富的油气储量，在国家政策的支持下，经济得到了快速发展。但是长期以来以大量资源消耗来带动经济增长的粗放型经济发展模式以及未能及时有效治理环境污染，给四川省带来了一系列环境问题。所以，四川省虽然不断加大环保投资的力度，改善环境状况，但是由于环境监管不到位，环保系统编制严重不足，基层环境监管力量比较薄弱，环境污染管控巡查督导机制方面存在多头管理，所以要解决长期积累的环境问题仍然需要很长的过程。

调查显示，城市居民中，大约有60%认为城市环境问题比较严重，仍有40%认为城市环境问题不太严重甚至没有问题。从这一调查结果可知，当前仍有较多居民环保意识薄弱。四川省在经济发展过程中，由于历史局限性，经济与环境协调发展不全面，对环保的宣传和教育力度严重不足，四川省一些居民

在过去较长的一段时间中整体的环境意识比较薄弱，环境法制观念不够强，部分公民对政府环保工作的不支持、不配合，使得政府不能有效推动环境保护方面的工作。

第6章　促进四川省油气高质量开发与生态环境监管耦合协调发展的对策建议

通过前文分析可知，由于历史局限性和发展阶段的原因，四川省生态环境监管的水平虽然在近年来得到了快速的发展，但是仍然是影响油气高质量开发和生态环境监管耦合协调度的主要原因。因此，本章将生态环境监管机制改革问题一方面与曾经面临与我国现阶段类似困境的发达国家进行比较分析，另一方面将该问题置于整个中国经济发展的逻辑进程区间内进行研究，关注不同发展阶段的经济条件、制度基础、外部环境以及制度需求等，得到公共产品监管机制的变迁规律和历史路径依赖，最终提出促进四川省油气高质量开发和生态环境监管耦合协调发展的对策建议。

6.1　国内外相关机制经验借鉴

6.1.1　国外环境监管机制

第二次世界大战后，伴随工业化、城市化和全球化的推进，环境问题日益加重并逐渐成为发达国家的地区性社会问题，吸引了包括政治学、社会学、管理学和经济学等在内的不同学科的关注。日本、美国和德国分别作为亚洲、北美和欧洲率先进行环境监管机制改革创新的国家，在推动生态环境保护的过程中，制定了一系列的环境政策和监管制度，卓有成效地推进了环境污染的治理和生态环境的改善。

1. 日本

行政管理机构是落实政府战略目标、执行相关管理制度和政策的重要载体和运行平台。日本是环境管理行政主管部门机构职能调整次数较多的国家之一。

（1）日本环境监管机制改进的历史沿革。

自 1970 年日本从国家层面成立环境管理行政主管部门机构以来，机构多次调整，大致可以划分为如下三个阶段。

第一阶段（1971 年前），主要是地方政府和公众推动阶段，国家职能弱而分散。1967 年日本国会通过《公害对策基本法》，规定国家负有保护环境和国民健康的责任，并于 1970 年成立由首相直接领导的公害防治总部，以及直属总理府的“中央公害等调整委员会”，以处理环境纠纷。这一时期公害防治职能广泛分散在厚生省（大臣官房国立公园部、环境卫生局公害部）、通商产业省（公害保安局公害部）、经济企划厅（国民生活局的一部分）、林业厅（指导部造林保护科一部）等几个省、厅之内，在采取综合治理措施时经常面临部门相互掣肘，环境管理出现一系列瓶颈现象，由此促成了 1971 年日本环境厅的成立，将上述职能整合到一个部门中，重点强化了统一协调、综合决策的职能，如负责环境政策和环境标准等的制定和推进、协调相关行政机关的环保事务及预算分配，并直接向总理府报告。但随着生活型环境问题和全球环境问题越来越突出，环境厅在协调管理上面临越来越大的挑战。

第二阶段（1971—2000 年），在日本政府大部门制改革推动下，不断强化国家环境管理职能。1999 年日本开始了自明治维新以来最大规模的行政改革，此次国家行政体制改革，以强化国家应当承担的职责为重点，强化决策职能，分离政府决策职能与执行职能，对政府机构重新整合和大幅度缩减。从 2001 年 1 月起，日本环境厅升格为内阁部，是此次政府机构改革中唯一一个未被精减反而升格并扩大规模的政府部门。此次改革加强了环境与经济一体化管理，赋予了环境省制定国土规划中有关环境保护事务的权力。此外，将固体废物进行了统一管制，提高了全球环境问题和国家公园管理的机构规格。在具体政策执行方面，经济、农林水产、国土交通等几乎所有政府内阁部门都参与相关领域的环境保护事务，形成了统一决策与监督下的多部门合作的环境管理体制。

第三阶段（2001 年以后），国家环境管理组织体系进一步优化。2004 年，环境省下属的国立环境研究所、环境再生保护机构等被改为独立行政法人，主要承担研究、咨询、技术、服务等职能工作，不包括行政、监管方面的机构。2005 年 10 月修订环境省设置法，设置水和大气环境局（整合了原环境省环境管理局和富士电视台水环境部），在地球环境局增加了应对气候变化的课室，并在全国设置 7 个地方环境事务所，将已有的 11 个自然保护事务所（234 人）和 9 个地方环境对策调查官事务所（107 人）合并重组，作为连接环境省和地方的核心，可以委授法令权限及预算执行权限的地方分支部门。其主要作用包括“灵活机动、细致缜密的现场部队”“激活地区环境力的支援基地”“地区的环境数据库”三大方面。

2006—2008年环境省着力加强环境健康、气候变化、区域环境管理的人员力量，共增员72人，其中增加幅度最大的是地方环境事务所（由369人增加到407人），其次是环境健康部（由60人增至78人），再次是主要负责气候变化事务的地球环境局（由83人增加到94人）。2011年地方事务所增编人数最多，达到437人。在职能上，2008年，又增加了二噁英和外来物种等新型环境问题管理内设机构，重点强化了环境管理的市场化管理机制，成立了日本安全事业株式会社，并在气候变化对策科增设了市场机制室。2012年，又进一步强化和丰富了环境国际合作的职能，建立了低碳社会推进室。

（2）不同层面的环境监管机制。

①国家层面的生态环境监管。

日本国家层面的环境行政机关发端于1970年内阁府设立的公害对策本部。1971年，内阁在公害对策本部的基础上设立了环境厅，此后该机构一直在国家层面承担着生态环境监管的核心职能。如今，环境省除单独就废弃物对策、公害管理、自然环境保护、野生动植物保护等进行监管外，还与内阁其他省府一同在地球温暖化对策、臭氧层保护、循环利用和防止海洋污染等领域采取监管措施。

环境省在日本国家层面的生态环境监管体制中居于核心地位，发挥着对全国环境保护工作进行统一规划、统一协调的功能。在日本国家层面的环境行政部门中，除了环境省外，还有农林水产省、外务省、经济产业省以及国土交通省等多达十几个内阁部门在各自的职责范围内对生态环境进行监管。

②环境省与地方自治体。

日本的实践表明，相对于中央政府而言，地方自治体一直走在公害治理的最前线。日本地方自治体都设有专门的环保行政机构，承担着生态环境执法和监管职能。由于在《地方自治法》之下日本中央政府和地方自治体之间是平等关系，所以地方自治体在生态环境监管领域享有高度的自治权，只有在特殊情况下，环境省才可依据《地方自治法》对地方自治体的生态环境监管行为进行干预。

地方自治体生态环境监管实践中的一大特色是与排污企业签订公害防治协定/环境保护协定。公害防治协定的实践始于1964年横滨市市长与电源开发公司之间围绕防治公害事项而进行的书面交涉。其交涉的成果是，后者对于前者提出的一系列与防治公害相关的要求予以明确接受。此后，这种在协商的基础上约定排污企业防治公害具体义务的做法获得广泛运用，并成为地方自治体对排污企业进行有针对性的个别监管的直接依据。

（3）环境管理机构改革的主要特点。

①赋予环境管理行政主管机构强有力的统一监管和协调职能。

一是赋予了环境省最高长官（环境大臣）对其他相关行政机构最高长官的约束权力，即为了推进环境保护相关基本政策，如认为特别有必要，环境大臣可以就环境保护相关基本政策的重要事项，对相关行政机构的最高长官提出劝告，并可以要求其报告根据该劝告而采取的措施［《环境省设置法》（2000年颁布，2012年修订）第三条］。二是日本环境省具有环境保护综合管理的财政资源调配权，负责调整相关行政机构在保护地球环境、防止公害、自然环境保护和建设方面的经费预算，以及相关行政机构下属试验研究单位的地球环境保护等研究经费及相关行政机构的试验研究委托费的分配计划（《环境省设置法》第四条）。这两项授权成为保障日本多部门协作式的环境管理结构能够高效率运转的两大有利条件。

②赋予环境管理行政主管机构源头管控与末端治理相结合的综合决策权力。

除了通过环境影响评价的审查（不是审批）促进企业、地方提升环境意识和行动力以外，还在具体政府管理职能中拥有实质的综合决策权力。例如，《环境省设置法》第四条规定，环境省负责制订国土利用计划（与环境保护级别政策相关部分），从环境保护角度，负责制定防止公害的设施及设备、促进资源的再利用等事物或事业的标准、方针、计划及其他类似文件，资助防止公害的设施及设备建设、处理下水道及其他设施排放的污水，以及从环境保护角度，工厂选址管控、化学品审查及生产、进口、使用等管控、农药的登记及使用管控的实施。

③事权配置尊重生态系统整体性规律，综合管理生态环境各要素。

《环境省设置法》第三条规定环境省的主要任务是保护地球环境、防止公害、保护和建设自然环境以及其他环境、污染控制和自然保护。内设机构根据环境要素分别设置了水和大气环境局、自然环境局、废弃物和再生利用对策部，内部职能交叉很少，实现了污染防治与自然保护，地下水、地表水与海洋，物种与栖息地的统一管理。从环境保护角度，负责制定森林及绿地保护、河流和湖沼保护的标准、方针、计划及其他类似文件并与农药使用管控和土壤污染防治相结合。统一管理国家公园、生物多样性保护，生态建设与保护工作。

④加强区域环境管理，构建新型央地协作关系。

总体看，日本环境管理纵向体制是一种地方主导与自主型的结构。地方政府享有较高程度的自治权，特别是预算、立法和发展自主权。在公害发生的高峰期，由于民选机制，地方政府和公众一直是自下而上的推动日本环境治理的关键力量，很多地方政府率先于中央政府制定有关防止公害的条例，所制定的环境标准都严于中央政府。但是自 20 世纪 90 年代以来，跨界、跨境环境问题日益凸显，需要强化区域环境管理，构建中央与地方的环境行政新型协作关系，以便从综合和地区的视点针对广泛的领域做出各种决策，根据地区实际情况，灵活机动、细致地实施有关政策措施，特别是在解决废弃物与再生利用、气候变化、自然环境保护等外部性较大的环境问题中，需要自上而下强有力地推动地方政府落实国家政策。由于处于后工业化阶段，污染问题已不是日本国内环境问题的重点，在职能配置和人员安排上，地方事务所在自然保护特别区域、国立公园管理方面比污染防治具有更多的开发许可、限制进入许可、行政强制权，污染防治方面则主要是承担信息收集、农用地土壤污染调查工作，紧急情况下入内检查的权力、对进口产业废弃物者的行政代执行等。

2. 美国

美国是世界上首先实现页岩气大规模商业性开采的国家。在开发初期，开采页岩气所引发的大量水资源消耗、地下水层污染、有毒气体泄漏以及地质灾害等环境问题也在美国引发了较多的争议，因此，美国针对页岩气的开采进行了一系列的环境监管机制改革，并取得了较好效果，美国也随之成为全世界页岩气产量最高的国家，在 2009 年超越俄罗斯，成为世界第一大天然气生产国。

(1) 以州为主、联邦调控。

美国的页岩气开采环境监管体系具有强烈的地方主义特点。开采的时间、允许开采的地点和开采的环境标准等实际监管权下放至各州，联邦政府通过环境和跨州管道准入监管进行有限介入，以协调工作为主。如果存在跨州能源营业活动，其监管权分属联邦和州两级。在两者规定有冲突的情况下，以联邦法规优先；联邦标准低于州标准时，则同时实施两套规定。在联邦层面，美国环境保护署负责环境保护规划的制定。其是联邦层面监管页岩气开发的主要机构，负责监管与页岩气开发相关的环境问题。美国环境保护署负责页岩气环境污染排放的相关信息的收集，并向联邦立法部门提供减少页岩气环境影响的立法建议。美国能源部作为联邦监管机构中的主管部门，在页岩气方面的主要工作是研究和制定能源战略与政策，组织、协调甲烷减排关键技术的研发。在州层面，地方环保部门具体负责企业环境污染源减排情况的监督，同时给州立法机构和政府提供制定相关减排法律和政策的建议。

（2）完善行业环境监管立法。

针对页岩气开发中的环境监管问题，美国从联邦政府和州政府两个层面出台和完善了相关法律法规。①联邦政府环境保护的法律法规主要有6种类型：一是从水污染方面，包括《清洁水法案》《饮用水安全法案》和《国家污水限制指引标准ELGs》；二是从空气污染方面，包括《清洁空气法》和《新污染源执行标准》；三是从废弃物处理方面，包括《综合环境反应补偿与责任法》和《资源保护与恢复法》；四是从濒危动物保护方面，包括《濒危物种法》和《候鸟保护条例》；五是从压裂液成分披露方面，包括《危机处理与社区知情权法》《职业安全与健康法》和《有毒物质控制法》；六是从泄漏预防及控制方面，包括《石油污染和控制法》和《规定泄漏防止和控制对策》（Michael，2011）。②美国州政府环境保护的法律法规主要以环境保护法规、条例、操作标准、制度等为主要形式，主要有4种类型：一是从水资源消耗与水体污染方面，包括《德克萨斯州水法》《宾夕法尼亚州安全饮用水法案》《密歇根州抽取水法案》《五大湖协议》和《2012年马塞勒斯页岩水力压裂规则法案》；二是从空气污染方面，包括《俄亥俄州泄漏预防和控制对策法案》；三是从土地管理方面，包括《卡罗莱纳州肥料法》《西弗吉尼亚州复垦法案》和《萨斯奎哈纳河滞洪区土地使用条例》；四是其他方面，包括《德克萨斯州自然资源法典》《德克萨斯州行政法典》《纽约州石油、天然气和矿业法》《北达科他州应急规则》和《怀俄明州环境质量法案》（丁贞玉等，2013）。可见美国从联邦和州两个层面，对页岩气开采的环境风险关键因子形成了较为完善的监管体系。

（3）鼓励绿色技术创新。

美国环境保护署提出了“天然气之星计划”（STAR），用于控制天然气开发过程中的甲烷排放。“天然气之星计划”是一个灵活自愿的合作关系，鼓励国内的油气公司采取成熟并且符合成本效益的技术，从而在提高企业运行效率的同时减少甲烷排放。甲烷是天然气的主要成分。从钻井生产到采集制作，以及最后的运输分配，甲烷主要产生于各方面石油和天然气工业生产过程。自从1993年起美国的石油和天然气公司合作实施了“天然气之星计划”，该计划为他们提供了一个合作框架来鼓励合作公司实施甲烷减排技术和实践活动，同时也记录了这些企业自愿参加减排活动。之后美国环保署针对这项符合成本效益的技术与实践活动编制了一套综合的技术资料，而在2006年，合作公司已经成功地采用了这项甲烷减排技术。“天然气之星计划”中技术主要包括压缩机/

发动机、脱水器、气动/控制、管线、储罐、阀门、井等多个领域的技术。目前在众多的技术中减排效果较好的10项技术主要包括绿色完井技术（RECs）、柱塞举升系统技术、三乙二醇脱水排放控制技术、干燥剂脱水技术、离心式压缩机干密封技术、活塞杆密封技术、气动控制器技术、管道维修技术、蒸汽回收装置技术、泄漏监测与修复技术。这些技术的综合使用大约可以使得生产、加工、储运以及分销环节的甲烷排放分别减少86. 9%、77. 6%、88. 6%、97. 1%（徐博等，2016）。

（4）全过程监管、责任明确。

美国监管机构对页岩气开发环境监管实行生命周期全过程（从压裂作业到生产，再到处理废弃物、弃置井等全过程）监管。监管机构要求页岩气开发企业提供所有影响环境的信息，规定页岩气开发企业提交一定的担保资金以确保有足够的资金处理环境事故；监管机构负责督促页岩气开发企业遵守环保法规；监管机构还定期审查油气环境法规的适用性。政府、油气行业和环境利益相关者还组成一个独立机构，定期评估页岩气开发项目的环境监管和环境法规的有效性，促使环境法规内容不断改进和完善（彭民等，2018）。

总体来说，美国对页岩气开发的环境监管越来越趋于严格，特别重视开发地区环境监管机构的作用，充分发挥开发地区的环境监管机构作用，因地制宜地进行环境监管。重视事前环境监管和对监管者的监督机制建设，并且针对页岩气特征，不断完善开发中相关环境保护方面的法律、法规和制度标准，形成了联邦、州/地方（县）立体环保监管法规体系，并加大了环境违法的处罚力度。

3. 德国

20世纪50年代，作为世界上环境污染最严重的国家之一，德国生态环境面临着严重的水污染、大气污染。德国政府从国家层面推出一套科学化、规范化的环保治理制度体系，通过几十年的生态环境治理制度不断健全和有效运行，在先污染后治理的发展道路上，走出一条成熟高效的生态环境治理之道。

（1）德国环境监管机制改进的历史沿革。

①第一阶段：第二次世界大战后德国经济恢复期。

这一阶段的制度建设，主要是在联邦法中有专门针对特定环境保护对象的规章制度和法律条款。但这一阶段的德国环保法律规定是零散的，甚至各州在某个具体环境问题处理的法律规定标准都不一致，缺乏全面系统性、整体性的制度设计，因此执行层面基本是各州各自为治，没有从国家整体层面上形成系统治理。虽然在有法可依的环境治理领域，环境危害得到有效遏制，但在法律制度盲点领域以及涉及需要跨州统一行动方面，出现了九龙治水、各管一摊的局面，结果导致这个阶段德国生态环境治理效果打了折扣。

②第二阶段：20 世纪 70 年代至 80 年代。

为了弥补前一阶段环保治理的零散性现象，这一阶段补漏洞思维体现在环保治理制度上，就是缺什么补什么。由于环境单行法保护和治理对象明确、问题针对性极强，在实践操作上能够及时针对某种环境问题作出最直接有效的反应，在较短时间内很快就取得了良好的环境治理效果。但对于一些潜伏期、末端性问题，仍然缺乏关联性、协同性的整体治理思路。

③第三阶段：20 世纪 90 年代以来。

随着单行法越来越多，行业之间、法律规定之间出现缺位或重叠，分工不明、行动不协调，给环境治理工作带来很多实操性麻烦。从 1990 年东德、西德统一后，德国开始侧重以整体性视角加强生态环境治理制度，凸显环境治理制度的法典化。1999 年制定完成了《环境法（草案)》，环境治理的制度法典化结束了长期以来德国环境治理不同领域进行分治的现象，从整体性思维视角把生态环境治理上升到人类可持续发展的高度。21 世纪以来，德国关注更高层面、更广领域的环保治理合作法规制度的出台和参与。为加强与各国的合作以共同应对环境问题，德国积极参与欧盟、周边国家以及全球领域的生态治理活动，先后签署了《保护波罗的海区域海洋环境公约》《联合国气候变化框架公约》《联合国海洋法公约》《人类环境宣言》《控制危险废物越境转移及其处置巴塞尔公约》《巴黎气候协定》等。

（2）德国生态环境监管的主要特征。

①注重预防性的事前环境评估机制，以科学视角规划城乡生态环境建设。

早在 20 世纪 80 年代，德国就提出把预防性原则作为生态环保法的指导性原则，并体现在之后出台的每一部法律中。为此，1990 年 2 月 12 日德国专门颁布了《环境影响评估法 》。体现在生态环保工作中，就是注重事前的环境评估机制，在土地开发利用、工业项目批复建设上避免对环境的污染和破坏或者降到最低。另外，德国作为第一个宣布不再使用核能的主要工业国家，为了弥补能源缺口，大力发展绿色能源，并以法律规定的形式明确到 2020 年可再生能源应占总能源供给的比例不低于 30%。这种科学理性的态度、防患于未然的做法，为德国生态环境治理和保护奠定了可持续发展的良好基础。

②注重经济杠杆的调节作用，大力推进循环经济和节约型社会建设。

与美国等发达资本主义国家的消费主义相比，德国是一个典型的节约型发展模式的国家。在德国居民的日常生活中，处处可以感受到政府主导型的经济杠杆调节作用。如今在德国，环境保护与治理不单是涉及环境的问题，而是包括整个社会福利、城市发展竞争力以及关系公民未来工作和生活在内的方方面面的事情。例如：在治理汽车尾气方面，不收取高速费，但汽油价格相对比较贵，因此政府鼓励汽车企业生产和销售排气量小、安全性能好的经济型小轿车，并大力推广使用无铅汽油以减轻大气环境污染治理压力。在水资源管理方面，德国供水和排水都由环境保护部门进行统一管理，一方面非常重视水源地的水质保护，严格监测和保护地下水免遭污染；另一方面对污水排放和处理有科学明确的处理标准和监管标准，以严格的法规、监管和执行以及征收生态税、污水排放费、对私营污水处理企业减税等经济调节手段共同构成水污染控制管理体系。

③注重环保教育和群众参与。

德国政府非常重视培养公众的环保意识，因为只有依靠公众的力量开展环境保护工作，才能真正提升环境保护的实际效果。在这方面，德国教育从幼儿园开始，就培养孩子与大自然和谐共处、垃圾分类、节约的消费观等环保理念。德国政府把环境保护的可持续发展理念贯穿小学、中学、大学以及全民终身的职业教育体系中。同时，德国民间环保组织也非常发达，这些组织在提升公民环保素养方面发挥着重要作用。他们通过免费开展讲座、提供环境保护知识手册等各种途径向公众宣传和普及环境保护知识，极大唤醒了公民的环保参与意识。为了鼓励公众参与到日常环境保护行动中，德国政府还注重信息公开化，出台了《环境信息法》，除了在德国环境部网站上定期发布环保报告，还会对自然灾害和次生灾害进行预警，以及对生活中的各类环境标识进行统一规范（尤其是关系百姓日常生活的化工产品）。通过信息及时全面的公开，减少了信息不对称性，有利于社会各界力量积极参与环保治理和监督，大大提高了公民的环保意识，公民对环境法律制度以及相关政策有了更多的关注，在具体实施中也提高了公民的积极参与度和配合度，有利于环保政策的落地生效。比如，限塑令在德国是非常严格的，一些环保组织甚至呼吁把使用塑料袋纳入法律制裁的范围，因此，环保袋是德国公众日常生活购物出行时必备的随身物品。

6.1.2 国内相关监管机制

该部分将生态环境监管机制改革问题置于整个中国经济发展的逻辑进程区间内进行研究，通过与我国食品安全、药品安全、煤炭生产安全这三种经历过类似发展阶段变革，拥有相似经济条件、制度基础、外部环境以及制度需求等背景因子的公共产品的监管机制进行比较，得到我国监管机制的变迁规律和历史路径依赖，为提出适应我国实际情况的生态环境监管机制改进对策提供经验参考。

1. 我国药品安全监管机制

与生态环境质量相似，药品安全作为一种公共产品，关乎公众健康和社会稳定。新中国药品监管机制几经变迁，1998 年行政体制改革大幅提升了药监机构能力，药品安全状况总体稳定向好，中国药监机构能力大幅提升。

（1）我国药品监管机制发展改革历程。

①体制机制改革。

随着社会主义市场经济体系的逐步完善，社会发展的各个阶段对药品安全问题的关注都在增加，促使药品监督管理机构进行了改革。国家医药管理总局成立于 1978 年，为统一药物管理开辟了新的篇章；1998 年，国务院成立了国家药品监督管理局；2003 年，在国家药品监督管理局基础上成立了国家食品药品监督管理局，使食品和药品安全处于同等地位；2013 年国家食品药品监督管理局改名为国家食品药品监督管理总局，并在此之前于 2010 年新增了国务院食品安全委员会办公室；党中央、国务院于 2018 年统一部署建立了统一的市场监督机构，即国家市场监督管理总局。在此背景下，考虑到药品监管的特殊性，国家药品监督管理局和药品监管分别划归市场监督管理局监管。这几大改革的时间节点，都在逐步合理划分各层级监管部门职责与履职程序，以建立统一、权威的药品监管体系。可以见得，我国药品的监管体系随着外部环境的变化而不断改变，并且政府监管持续加强。

②人才队伍培养。

40 多年来，通过加强教育培训、党风廉政建设，药品监管的人数得到了补充壮大，干部队伍素质也得到了提升，特别是在干部队伍建设中稳步推进监管执法、现场检查、抽验检测、审批监测评价等专业技能的培养。

③法律法规体系的完善。

1984 年，全国人民代表大会常务委员会审议通过了《药品管理法》，标志着我国的药品管理工作已进入法治之路。此后，国家多次修订了《药品管理法》。截至 2017 年底，国务院颁布了 13 项药品行政管理规定，主要包括《药品管理法实施条例》《疫苗流通和预防接种管理条例》等。药监系统制定了 35 部行政法规，主要包括《药品注册管理办法》《生物制品批签发管理办法》《药品生产质量管理规范》《医疗器械监督管理条例》等，日益健全的法律法规体系为加强监督提供了法律保护。

④社会共治格局构建。

通过协调和整合各方资源，调动社会各阶层的力量，形成药物安全和社会治理的典范。在生产经营的各个方面全面履行企业主要责任，并将利益链从药品的生产和运营转变为责任链。协助行业协会积极参与药品安全管理，促进行业自我监管、自我净化和自我完善。加强与媒体的沟通，充分发挥舆论监督作用，加强宣传，解决社会关注问题，努力营造良好的舆论氛围。加强科学普及，提高公众药物安全科学素养。加大信息公开力度，充分发挥政府网站信息公开“第一平台”的作用。加强对药品安全的群众监督，完善投诉举报制度，畅通公开举报渠道。不断加强禁毒执法与刑事司法之间的联系，完善执行与处罚之间的联系机制，以法律思维和法律手段促进社会共同治理。

⑤监管方式创新。

随着制药业的蓬勃发展，新产业、新形式、新技术、新模式逐渐兴起。新型的工业组织形式不仅带来了智能制造，而且也造成了一些在安全方面的问题。通过推进行政审批制度改革，以监测监管为中心，加强对事件的处理能力和事后完善能力，撤除药品 GMP、GSP 认证以及进口非特殊用途化妆品注册改备案等措施，建立完善的生命周期监管制度，全面落实企业主体责任制。坚持风险监管、智能监管和阳光监管，促进监管与信息技术创新的深度融合，不断提高监管水平和服务效率。

（2）药品监管体系改革经验。

①始终围绕社会经济发展要求。

经济基础决定政治体制上层建筑，在我国改革开放和社会主义现代化的道路中，作为国家行政管理体制改革目标中的内容，药品监管体系通过快速调整便适应了社会和经济发展的需要。高度集中的医药行业领域的发展、生产、流通和使用因为我国不断深入改革开放和积极发展社会主义市场经济出现了许多新情况和新问题，例如药品市场混乱，假药、劣药屡禁不止的情况时有发生。因此，根据新形势的需要，国家出台了《中共中央、国务院关于卫生改革与发展的决定》，为医疗卫生产业的总体发展指明了方向。自此之后，药品监管责任的定位逐渐清晰，国家对药品监管管理体系进行积极探索并改革，形成了集成、权威、高效的管理体系。

②向法制化、制度化稳步推进。

党的十五大报告将“依法治国，建设社会主义法治国家”作为执政党领导人民和治理国家的基本方略加以确认，并正式写入1999年《中华人民共和国宪法修正案》，这为药品监督管理等部门依法行政创造了大环境和前提条件。社会法治化程度不断提高，推动了药品监管立法工作的快速进步。2004年7月开始施行的《中华人民共和国行政许可法》，对医药监管部门依法行政提出了更为明确和严格的要求，标志着我国医药相关法律制度的不断健全和完善。与一般规范或技术要求相比，制度化监督意味着明确法律责任和多样化执法手段，从而在事前对参与双方形成更严格的行为约束。

③垂直管理体制和全过程监管模式极大提高药品监管效率。

从纵向的组织结构的角度看，省级药监部门实行纵向管理体制，通过集中省级以下药品监管机构的财政权、人事权，强化了省级机构对监管能力相对薄弱的地市级、县级药监部门的领导和业务指导能力。药品监管部门从横向的监管对象和内容来看，会因对象和内容的不同，监管职责有所不同并与之一一对应，从而贯彻落实全程监管的目标。在药物研发期，对药品安全性的检查进行严格监管；在药品销售期，要对其生产单位许可证和生产质量证明进行严格检验；在药物流通管理方面，不合格的药品坚决不能流通，且在合格药品运输流通过程中不能出现药物质量下降的情况；在药物库存管理方面，实施药品分类管理，规范医疗机构药品经营管理，确保药品安全；监测和报告药物不良反应和重新评估药物。整个过程的监督不仅关注药品本身的质量，而且将监督范围扩大到与药品质量有关的行为者，实现过程的整体质量管理。有序的组织结构、明确的部门职责和切实可行的保障机制有利于监管部门的独立性。科学先进的质量管理方法是提高监督效率的有效手段。

2. 我国食品安全监管机制

政府监管不力、治理“碎片化”、企业自律不强、社会监督缺位、社会公众认知不足等往往是造成食品安全事件频发的原因。但自2008年开始，以“大部制”改革为契机，我国食品安全监管领域也进行了一系列体制上的调整。目前，我国已经形成了一套较为完善的食品安全监管控制体系，国内食品安全状况得到明显改善。而我国生态环境监管现在也面临着类似的困境，因此，同为对公共产品的监管，我国食品安全监管改革的经验对推进我国生态环境监管具有重要的参考价值。

(1) 食品安全监管机制改进的历史沿革。

①加入WTO前的食品安全监管模式。

自1949年中华人民共和国成立以来，根据食品卫生要求，国家规定食品卫生主要由卫生部门与相关行业主管部门合作管理，确立了卫生部门与食品行业部门主管食品卫生的模式。该部门的食品管制模式一直持续到 1978 年。从 1978 年开始，食品安全监管模式已经从部门为主的监管转变为分段监管模式。鉴于食品卫生管理范围的扩大，1978 年，由工商行政管理部门统一负责食品卫生管理和城乡市场食品卫生总检查工作，食品卫生检查工作由食品卫生检查机构负责，食品进出口应接受进出口商品检验服务国家检验卫生检验，食品生产公司的管理是有关部门的职责。

②2001 年食品安全机构调整和创新。

加入 WTO 后，为了响应 WTO 工作，确保进口食品的质量安全，同时把不合格食品拒之门外，也为了加强国家的质量监督工作，符合国家管理标准认证以及工作认可，包括规范进出口食品和国内食品安全相关标准的衔接，中国合并了国家技术监督局和国家出入境检验检疫局，组成国家质量监督检验检疫总局（以下简称国家质检总局），由新成立的国家质检总局统一负责原卫生部门主管的食品卫生管理职责和原国家出入境检验检疫局主管的进口食品监管职责。建立了食品安全监管模式，由一个部门负责监管并由其他部门配合监管国内食品生产环节和进出口食品安全。监督责任根据食品工业供应链和食品安全监管分为两部分，这种调整适应了时代发展需求。参与食品安全监督的其他部门包括农业部、食品药品监督管理局、卫生部、工业和信息化部、商务部和国家工商行政管理总局等。本阶段建立了以国家质检总局为主体，其他多个部门参与的食品安全监管模式有利于集中监管。

③2013 年食品安全机构调整和创新。

21 世纪初，随着国内外食品安全事件的发生，公众对于食品安全的呼声不断提高。2009 年 6 月，我国颁布了《中华人民共和国食品安全法》，成为我国食品安全监管的重要里程碑，同时废除了旧的《中华人民共和国食品卫生法》，监管理念也从“卫生”升级到了“安全”。在供应链基础上划分食品安全监督责任，对于确保食品安全非常重要。新的《中华人民共和国食品安全法》不仅包含诸如“风险评估”之类的科学术语，而且阐明了食品安全监管服务的职责。卫生部负责食品风险评估和标准制定；国家质检总局负责食品生产许可，监督生产加工安全，监督食品进出口安全。农业部负责监测初级农产品的质量，商务部负责食品流通、生猪屠宰和酒类流通业管理，工业和信息化部负责食品工业，国家工商行政管理总局负责监管流通环节的食品安全，国家食品药品监督管理局负责监督餐饮服务、消费环节食品卫生许可和食品安全监督管理，公安部负责打击与食品安全有关的犯罪活动。为了解决多头监管问题，理顺制度，建立相对集中、统一的食品安全监管模式，国务院成立了国务院食品安全委员会，主要职责是分析食品安全形势、研究部署、统筹指导食品安全工作，提出对食品安全监督的主要政策措施，监督食品安全监督职责的执行情况。这对于食品安全监管工作的统一协调非常重要。

④2018 年以来中国食品安全监管的调整和创新。

如果国家部委机构设置臃肿，会影响政府工作的效率，无法满足新时代中国特色社会主义市场经济的发展需要。在这种情况下，根据国务院重大改革计划的要求，国家市场监督管理总局于 2018 年 3 月成立。原三个部委的食品安全监督职责由国家市场监督管理总局统一管理。按照社会主义市场经济体制的需要，在大市场上实施大规模食品监督，减少监管机构的数量，改变政府机构臃肿、职能重叠的现象，使政府运作更有效率，更符合市场经济的宏观管理要求和公共服务的角色定位。

在这一阶段其他参与食品安全监管的部门分工为：国家卫生和健康委员会负责食品安全风险评估、标准制定，农业农村部负责食用农产品的安全生产和质量管理，海关总署负责监管进出口食品安全，工信部负责食品工业管理，公安部负责打击食品犯罪。这种一部门负主要监管责任，其他部门协调配合，国内食品与进出口食品分开的食品安全监管模式，从根本上有利于我国食品安全监管。新成立的国家市场监督管理总局负责除食用农产品的安全生产、食品安全风险评估、进出口食品安全监管外的食品从生产、加工、流通到餐桌的所有食品链条的质量监管，使得我国的食品安全监管更加集中、高效、合理。国家市场监督管理总局食品监管工作与时俱进，创新了网格化的食品安全监管模式，在网络食品安全监管、农贸市场监管、校园食品安全监管、美食街食品安全监管、农家宴食品安全监管等方面推出了一系列具有中国特色的监管措施，取得了良好效果。

（2）创新食品安全监管模式。

①政府部门食品安全监管的联防联控。

食品安全机构改革后，除食用农产品的质量监督管理在农业农村部外，市场监督系统管理食用农产品的生产加工阶段、流通阶段到餐桌的这几大环节。在目前的食品安全监管中，基层食品安全监管部门建立了联防联控机制，部门联合检查监督执法管理。联防联控监管也由开始的应急管理措施成为常态化监管手段，这种食品安全相关部门联合执法的做法，有利于发现并弥补食品监管的漏洞，对长期稳定维护食品安全起到了很好的监督作用。

②网格化监管引领食品安全监管趋势。

网格化食品安全监管模式是结合互联网信息技术，基层食品安全监管单位将收集到的当地各方面食品安全信息通过网络及时报告给上级食品安全监管部门。中国的大多数基层单位都与当地社会综合治理网络相连，每个食品安全网格化平台有食品安全监督员或者监管员负责，村镇级食品网格化平台向区、县级食品网格化平台上报信息，区、县级平台向市级平台上报信息。这些信息包括当地食品生产加工企业、餐饮店、单位餐厅、农贸市场、各种农家宴、餐饮小店或小作坊等的各类食品全信息。这些信息最终会上报当地市场监管部门进行研判处置。网格化食品安全监管模式体现了我国食品安全监管的信息化、智慧化水平。当前，网格化监管在我国已经相当普及，是食品安全监管的发展方向。

3. 安全生产监管机制

我国的煤炭资源储备较为丰富，但较多煤矿自然条件较差，开采环境复杂多变，加之开采人员技术水平偏低等，导致过去较长的一段时间内煤矿安全事故频频发生，极大制约了煤矿的可持续发展。而近年来，我国大力推进煤炭安全生产监管体制改革，自执行煤矿安全监察制度以来，煤矿生产事故下降98.9%，因此，本书选取我国煤矿安全生产监管机制作为生态环境监管改进的经验参考。

（1）煤矿行业监管机制。

①分类监察。

分类监察就是根据安全程度将煤矿分为不同的类别，采取不同的监察时间、监察次数。如内蒙古准格尔旗实施煤矿 ABC 动态分类监管，即根据煤矿基本条件、矿井挖掘、爆破、防灭火、提升运输、防治水、机电、管理制度等方面，每季度对煤矿企业进行评分，设置 A、B、C 3 类矿井，给予不同的监察政策。山西省长治煤矿安全监察分局根据山西煤矿实际情况，按照风险高低将全市矿井分为 A、B、C、D 4 类。A 类为低风险矿井，1 年监察 1 次；B 类为中等风险矿井，1 年监察 2 次；C 类为高风险矿井，1 季度监察 1 次；D 类为停产矿井，1 年监察 1 次。

②分级监察。

2016 年，国务院办公厅安全委员会发布了《实施遏制重特大事故工作指南构建双重预防机制的意见》。双重预防机制是指对安全风险进行分级管理和控制，对安全隐患进行排查和管理。分级指风险分级，也指管理和控制的分类。根据风险越大，控制水平越高的原则，建立动态的差异监管。分级管理和控制的概念适用于核电、化学工业和水路运输等多个行业的安全监督。山东省是我国第一个建立双重预防机制地方标准的省。该标准提出的风险分级管控指的是按照风险等级，需根据管控资源、管控能力、管控措施复杂及难易程度等因素，确定不同管控层级的管控方式。重大风险由煤矿主要负责人管控，较大风险由分管负责人和科室管控，一般风险由区队负责人管控，低风险由班组长和岗位人员管控。

③远程监察。

传统煤矿安全监察通过监察员奔赴现场实地检查，但由于距离时间的限制，现场监察所获取的信息往往不连续且与监察员自身专业水平密切相关。然而矿井系统复杂，现场监察获取的信息不够全面真实。随着“互联网+”、物联网、移动设备等信息技术的发展，开展远程监察成为一种重要的监察方式。远程监察主要体现在执法建设、风险管控、监测监控技术3个方面，基于移动互联网、云服务技术，设计了煤矿安全监管监察信息化执法平台，对人的不安全行为、物的不安全状态以及环境因素进行有效监测预警。从大数据、云计算和移动互联网3个方面为风险分级管控与隐患排查治理工作建立了隐患排查治理知识库、开发了安全生产隐患排查治理终端系统。目前我国使用的监测监控系统多达十几种，对于改善我国煤矿安全生产状况发挥了重要作用。

（2）落实安全生产责任的经验。

①完善制度建设，牢固树立安全生产理念。

把学习贯彻习近平总书记关于安全生产的重要思想和指示批示精神作为政治任务常抓不懈，健全学习制度、拓展学习方式，切实传导压实安全生产责任；严格落实“党政同责、一岗双责、齐抓共管、失职追责”要求，完善安全生产责任制度，建立责任清单、明确领导职责，完善工作推动、检查和考核制度，确保监管职责落到实处、取得实效，做到“人人有责、人人守责、人人尽责”。

②深化培训教育，压实企业主体责任。

根据煤矿行业安全生产风险因子产生的具体环节，结合处置单位的实际情况，健全安全宣传和教育制度，明确政府部门和企业的宣传、教育重点和内容，推动安全生产意识和常识教育的常态化、普及化；强化政府部门的培训。认真制定切实可行、实用有效的培训计划和方案，做到分类培训、分级指导，尤其要强化企业负责人和安全管理员的安全培训。通过培训，提高他们的安全意识，明确安全生产管理职责，提升安全生产监管能力；督促企业落实“三级”培训。指导公司完善培训体系，科学制订培训计划和方案，及时汇总培训工作和成果；加强对企业安全生产培训的检查，注重对员工安全意识和常识的抽查，完善企业培训奖惩机制，使安全培训真正成为企业的基础核心工作；结合实际，创新应急演练指导工作。

③实施安全风险预控管理模式。

煤矿企业安全生产的风险预控管理模式属于一种事前预防模式，能够实现安全管理体系和模式的持续优化与提高，可以确保煤矿企业安全的长久化。其中心环节是在辨识危险源和评估风险的基础上，清楚煤矿安全管理的主导对象；结合保障体系，推动实施风险管控的措施和指标以及安全生产责任制；结合风险预警以及危险源监测，确保危险源的状态是受控的。煤矿生产安全风险预控一般包括 5 个步骤：辨识危险源、危险源监测、预警信息处理、风险控制对策的制定、评审与执行风险控制对策。其中，危险源辨识、风险评价和风险控制过程作为一项主动性活动，需要及时、定期地对危险源辨识、风险评价和风险控制措施的效果进行评审，并且还需要根据煤矿内外部条件的变化，不断更新危险源辨识和风险评价信息。

④突出问题导向，履行好监管职责。

强化执法队伍建设，完善执法装备，提升执法效率和质量；规范执法队伍管理，围绕“统一指挥、统一协调、统一调度”目标，上下联动、协同作战、形成合力，提升执法队伍的凝聚力、执行力；加强执法能力培训，健全执法人员培训制度，拓展培训方式方法，提升执法技能和水平；健全社会专业技术服务制度，完善第三方专业技术服务指导，发挥其专业优势，提供高质、高效的技术支撑，扩大安全监管覆盖面；加快推进联动执法、综合执法。发挥生态环境系统优势，探索跨区域联动执法。积极联合应急管理部门，健全“安环联动”监管机制，危废处置、环保设施等方面，对煤矿生产周期全过程开展全程跟踪监管；加大行政处罚尤其是事前执法处罚力度，健全与司法衔接制度。

⑤注重宣传引导，发动全民参与。

利用各类媒体媒介，开展多渠道、多形式、多层次的安全知识和应急常识宣传，深入开展“安全生产月”“‘6·5’环境日”等宣传活动，提高安全意识、养成安全习惯；积极利用媒体阵地，提升宣传效果，既要开展正面典型宣传、树立科学的安全观念，也要对违法违规行为和事故责任单位及个人进行公开曝光；完善举报奖励机制，鼓励社会群众和企业员工参与安全生产监督，及时举报违法违规行为，积极营造全社会共同关注安全生产的良好氛围。

6.2 促进四川省油气高质量开发与生态环境监管耦合协调发展的政策建议

我国“十四五”规划提出，能源是基础设施和经济发展的保障，推进能源革命，建设清洁低碳、安全高效的能源体系，提高能源供给保障能力，加快发展非化石能源。四川省作为我国最大的天然气（页岩气）生产基地，提出在未来五年实施中国“气大庆”建设行动，加强天然气产供储销体系建设，建成全国最大天然气（页岩气）生产基地；通过落实最严格的生态环境保护制度，在不断完善“5+1”现代工业体系的同时持续推动生产服务绿色化，构建现代环境治理体系，加快建设美丽四川。基于四川省油气开发的发展规划与挑战，本书提出以下促进油气高质量开发与生态环境监管耦合协调发展的政策建议。

6.2.1 针对薄弱环节与关键阻滞因素，重点加强生态环境监管体系效能

本书发现，生态环境监管效能的滞后发展，制约着四川省油气高质量开发水平的提升，也导致四川省油气高质量开发与生态环境监管耦合协调度在过去十年主要处于较低水平。因此，推动两系统的耦合协调发展，首先应该增强生态环境监管体系的效能，服务于居民生活质量和主观幸福感的提高。

第一，重点在于推动空气质量改善，提高大气污染治理效率。本研究结果显示，空气质量是四川省生态环境监管中的薄弱环节，在实现美丽中国、碳达峰和碳中和目标的背景下，要改善空气质量就必须降低污染物总量和浓度。因此，四川省应制定统一的油气开发行业的生态环境保护与减碳责任考核政策，加强对企业行为激励的有效政策手段。在油气开采的重点地市探索开展CO_2、SO_2、PM2.5等空气污染物排放总量管理，将空气污染物总量和万元国内生产总值（GDP）碳排放量纳入约束性指标考核，纳入经济社会发展目标考核体系和生态文明建设目标考核体系，并分解落实到地方政府、有关部门和重点用能单位。

第二，关键在于促进共享发展、环保投入、环境质量和减少污染排放。本研究发现，共享发展因素是对油气高质量开发系统综合发展水平影响最大的因素，其次为协调发展因素和绿色发展因素。在实现双碳目标的背景下，四川省应持续加大天然气开发建设的力度，同时 由于协调发展、绿色发展与创新发展的强相关性，要推动协调发展，必须加强油气企业绿色技术创新的内生动

力，这一内生动力应以不断提升的创新能力作为基础。技术创新为行业间的技术溢出提供了条件，以绿色技术引领企业为核心，逐层构建油气行业创新合作网络，既能对技术落后企业形成引领作用，又可提升技术引领企业创新活动的专业化水平，最终使油气行业绿色技术进步方向与高质量发展相适应。

6.2.2 系统化提高生态环境监管能力

1. 注重环保教育，提升群众参与意识是长效保证

无论是生态环境的监管还是环境保护的长期可持续性，都离不开群众参与。德国政府对公众环保意识的培养，包括一些教育措施都是值得我们学习的。在教育对象上，可先从儿童和党员群体入手。儿童教育是一个长期过程，从幼儿时期培养环保意识，对整个社会的影响时间最长；而党员群体则是我国事业发展的中坚力量、普通群众的模范榜样，加强党员群体环保意识教育，能带动普通群众共同参与到环保行动中来。同时，要提升群众对于环境监管的参与意识，由政府部门牵头畅通渠道，鼓励群众通过拨打环保热线、写信举报违法行为等方式，参与到环保工作中来。建立高效沟通机制，注重信息公开和科学解释，让公众对环保的状况有充分了解，知情权、参与权得到充分保障。

2. 完善行业相关法律法规，提高污染排放标准是法治保障

通过对四川省生态环境监管综合发展水平的分析发现，控制污染排放水平指标在过去 10 年间的增长幅度最小，长期以来低于其他子系统的发展水平，这是生态环境监管的薄弱环节。同时，国家还没有发布页岩气开发有关的污染控制标准、污染防治技术政策等文件。四川省层面也鲜有页岩气开发环境监管政策规范，页岩气开发污染排放基本没有专门的标准。而美国“页岩气革命”成功的经验之一就是有较完善的法律法规。因此，为了促进环境监管水平和油气高质量开发，有必要制定和完善法律法规，提高污染排放标准。政府部门应从页岩气开采的各个环节制定相应的法律法规，提高环境监管的法律地位，完善现行的制度，包括建立健全页岩气开发环境污染预防、环境污染监测与环境污染处置的相关制度。

一是完善油气开发环境监管法律法规。《水污染防治法》《大气污染防治法》等法律法规可以在一定程度上规范某些油气开发活动的环境污染行为，但页岩气开采中的个别环节行为因为存在法律法规的“灰色地带”，尚未得到有效规范。例如，现行法律法规对压裂液、返排液的处理方式没有进行专门规

定，这使得实际的监管不能有效进行。因此在《水污染防治法》中应该明确规定压裂液、返排液的处理方法。四川省可以借鉴英国和美国等国外的先进经验，这些国家已经在法律法规中补充完善了页岩气相关废水处理工艺，只有在确认了《水污染防治法》中规定的污水处理方法后，才能对未遵循该程序的页岩气开发公司进行制裁，以保护生态环境。

二是制定页岩气开发环境保护的相关标准。结合四川省内页岩气开采区勘探开发工作实际，重点开展压裂液污染防治、返排水回收利用、钻屑综合利用、生态保护与修复工作，尽快制定针对开发各环节的污染物排放标准、污染物处理技术规范、生态保护与修复技术规范；总结环境管理经验，发布油气开发环境监察技术准则、应急处理技术准则等。有关标准、规范和指南的制定和建议由示范区所在地的环境主管部门主导，并与国土、水利、发改委等部门合作，通过委托研究机构、社会组织、有关企业的方式开展。在标准制定过程中，可以参考吸收现有企业标准，务必要充分征求行业协会、企业的意见。

三是有效管控污染物排放。结合四川省目前油气开采，特别是页岩气开采现状和环境监管要求，政府部门可适当提高环境污染制裁标准，并采取有效措施，罚款标准不得低于环境污染治理的费用。充分利用事后监管措施，鼓励企业不断提高环保方面的责任意识，倒逼企业在整个生产过程中实施环境保护措施。充分利用经济、行政和法律等多种手段完善环境污染和重大事故的惩罚机制，考虑将环境污染要求纳入国有企业考核指标中，可对在促进环保技术、环境保护、环保管理方法等创新和应用方面有突出贡献的单位给予表彰和奖励。同时，鼓励企业研发和采用新工艺、新技术和新设备，以减少污染物的产生和排出，确保对污染物排放进行有效的控制和管理，并改善环境质量。此外，若有企业自行提高排放标准，地方政府及其相关部门可以对企业施行相应的经济补偿和其他奖励措施。

四是制定的四川页岩气开发环境保护条例，应当对页岩气勘探开发的全过程所涉及的环境监管内容和程序予以规定。在制定条例时，可以参照我国那些已经颁布过类似条例的省市的经验。根据实施过后的反馈情况不断调整，从而使条例更加贴合实际，真正能够适应本省页岩气的开发。

3. 加强监管人才队伍培养与建设是能力支撑

当前四川省油气开发环境监管缺乏有效监督的主要原因之一是，油气勘探开采的高度专业化导致当前监管人员的监管能力缺乏。因此，有必要在各个方面检验、评估和培训监管人员的专业知识。首先，在监管人员的招聘环节中，坚持将编制型岗和合同型岗相结合的方法来扩大监管队伍。优先录用既具有环保知识又有油气勘探知识的复合型专业人才，以及在监管中有实操经验或学历水平较高的人员，并严格控制人员进入门槛以确保效率。其次，录用工作完成后，新入职人员应接受职前培训和定期的专业培训。随着石油和天然气开采技术的不断进步，所产生的环境危害也可能发生相应的变化，因此，对油气环境监管过程进行及时的培训可以帮助确保监管的准确性和及时性。再次，建立奖惩机制。在编制型岗与合同型岗相结合的聘用模式下，合同制人员可能会缺乏归属感而产生敷衍应付的工作态度；由于缺乏工作压力，编制内人员也可能出现工作懈怠的情况。在提高基层监管人员的薪资待遇与保障的同时，也增加监管压力，可以从正反两方面促进监管人员执法效能，便于有效开展工作。在建设监管队伍过程中，还应当增强监管人员的环保意识，抛弃“经济在前，生态保护在后”“先污染，后治理”的老旧思想。同时，应建立基层监督小组，鼓励具有国际视野和先进经验的高素质人才加入，以加强政府、行业协会、大学和研究单位之间的国际合作。

6.2.3 充分发挥国有油气企业的辐射拉动作用

由于四川省油气高质量开发体系在过去 10 年发展大多领先于生态环境监管体系，并且由于四川省的油气开发主要由国有企业承担，因此在页岩气开发市场化加速的背景下，要充分发挥国有油气企业的带动作用，利用国有企业的“辐射效应”，一方面通过油气行业辐射相关上下游产业的发展，形成全省能源行业高质量发展的网络效应，带动四川省能源企业高质量发展；另一方面，遵循和强调制度创新的路径，因地制宜，将国有油气企业生态环境自我监管制度创新的经验复制推广到四川省其他产业的高质量发展上。

6.2.4 加大经济杠杆调节，优化能源消费结构

目前四川省油气能源的开发以天然气为主、石油为辅，但天然气的消费量增幅却远低于石油消费增幅，加之石油外省调入量的逐年增加，使得四川省能源结构更加不合理。经济杠杆作为一种有效可靠的手段，可用于优化四川省能源消费结构。在社会主义市场经济条件下，破解环境难题、实现绿色增长，既需要通过必要的行政手段加快淘汰落后产能、抑制高耗能高排放行业过快增长，更要靠深化体制机制改革尤其是资源性产品价格改革来优化资源配置，还要通过经济手段来提高资源能源利用效率。

对于石油、天然气这类能源资源的管理，可以由当地政府部门统一进行。

一方面要注重消费端，降低天然气使用的价格，对石油的使用实行阶梯油价，适当提升石油的价格，进而抑制石油消费增速；另一方面注重开发端，对水资源进行严格的保护，对污水排放和处理建立科学明确的处理标准和监管标准，以严格的法规、监管和执行以及征收生态税、污水排放费，构成水污染控制管理体系。

6.2.5 鼓励企业创新污染防治技术，提高固体废物综合利用率

生态环境监管综合发展水平的变化趋势表明，工业固体废物综合利用率较低影响了污染排放水平。多年来，我国对非常规油气勘探开发的监督主要依靠石油公司的自律，缺乏法律法规和专门的国家标准。一旦市场出现多元主体，仅靠企业自律就有一定的风险。政府必须在开放准入的同时尽快改善监管体系，并制定与页岩气开发有关的水资源利用、气体排放、土地利用、废水处理和植被恢复的环境标准。根据页岩气开发利用各环节的不同地质条件、不同提取方法和特点及我国国情研究制定页岩气开发环境保护技术规范体系。常规的石油和天然气标准可以在制定时用作参考，并且油气国企的某些成熟的标准也可以作为国家标准参考。

同时，鼓励环保技术的引进。在对外合作中对环境监测、污染治理、环保工艺等关键技术着重引进、消化、吸收和再创新，重点引进北美地区已被证明切实有效的绿色开发技术。

6.2.6 加大生态保护和环境治理投资力度

在“十二五”和“十三五”期间，国家进一步加大了对环保行业的投资。我国环境污染治理投资同比增长，自 2017 年起，我国环境污染治理投资占 GDP 的 1.2%以上。根据国际经验，当用于环境污染治理的投资占 GDP 的 1.0%～1.5%时，可以控制环境恶化的趋势；当该比例达到 2.0%～3.0%时，可以有效改善环境。目前，环境污染治理投资仅占四川省 GDP 比重的一小部分。为了达到改善生态环境的目的，有必要增加环境资金的投入。要充分发挥政府在公共资源配置上的主体作用，特别是在环境污染严重的地区增加对污染控制的投资。采取一系列政策措施，鼓励发展绿色环保产业，有效地将资金引入环境治理领域，加大环境保护的第三方治理。财政部门应继续加大对环保的财政投入力度。一是增加对环境基础调查的投入，支持国家开展污染源调查、大规模地下水污染状况调查、国家土壤污染状况调查和评估、持久性有机污染物调查以及饮用水源地污染现状调查等。二是加大对环境监测、环境执法、环

境标准制定等工作的投资。推进环境监测系统、环境执法体系和环境标准体系建设，全面提高我国环境监督执法水平，增强对环境突发事件的快速应对能力和污染纠纷处理能力。三是加大对环境污染专项防治的投入，特别加强对重点水体、大气和土壤面源污染防治的投入。四是加大对国家确定的重点生态工程和污染治理工程的资金投入。

此外，应在财政支持方面确保环境监督，并建立促进页岩气开发环保技术的基金和环保风险基金。一是在页岩气产业早期阶段设立环保技术推广专项基金，为环保技术的研究开发和产业推广提供有针对性的支持，支持对页岩气开发污染物治理和生态环境保护方面关键技术的科技研发。鼓励企业和相关单位在环境保护技术、工具和管理方法方面的研究和创新，同时对加强环境保护工作所增加的生产成本给予一定的资金补贴，以保护其参加页岩气开发投资的热情。二是建立环境保护风险基金制度。中央和地方政府建立环境保护风险基金作为储备金，以满足发生环境污染事件后紧急处理和环境治理的资金需求。同时，也应着眼于未来，投入更多资金培养创新型人才，以扩大经济发展的新空间，促进产业结构的技术升级，为更好地开发和利用能源资源提供智力支持，以此来实现高质量发展、经济发展与生态环境的协调发展。此外，有必要研究制定生态保护补偿条例，实施重要的生物多样性保护项目，继续开展大规模的土壤绿化作业行动，促进被油气开发破坏的生态系统的保护和恢复。

6.2.7 主动公开环境监管信息，实行多方监管

针对页岩气开发环境许可证制度存在的问题，结合四川省页岩气开发的特点，本书从实行动态许可监督机制和建立排污权交易制度等方面提出了综合性建议。

实行长效动态许可监督机制。我国页岩气的开发和开采仍处于初始阶段，对页岩气长期开采可能会产生的环境污染和生态破坏方面缺少经验，实行长效动态监管机制不失为一个有效地累积页岩气监管经验，降低页岩气开发利用环境风险的有效手段。一方面，吸取美国在页岩气监管上的经验教训。如美国联邦、州和地方相互补充的法规及许可体系形成了目前的立体监管格局。《国家环境政策法》《清洁空气法》等现行的联邦法规和州法规涵盖了页岩气开发和生产的全过程，旨在对周围环境和水资源供应产生的任何潜在影响进行共同管理。但是在这些法律法规完善之前，原有的规定无法对水力压裂新流程进行管理。因此，美国相关政府机构在重新评估水力压裂技术带来的环境影响后，对现行法律法规进行了调整和完善，以便适应这种新的生产技术。由此可见，美

国在页岩气开发利用的监管上，也实行长效动态监管的机制。另一方面，完善我国现有的环境监管体系。我国现有的环境许可证制度欠缺对后续监管的动态监督。由于页岩气开发利用是一个动态长期的过程，在环境保护许可方面，相关环境部门应该在颁发许可证后实行定期与不定期的考核，并对页岩气开发过程中产生的污染物进行 2 至 3 年的实时监测，对页岩气开发利用实行全生命周期监测与考核，预防页岩气开发利用中可能发生的环境污染问题。

建立页岩气开发利用排污权交易制度。页岩气的开发和利用不同于传统的油气资源的开发。由于页岩气本身的开采技术和特性，在开采过程中会消耗大量的水资源，并产生较多的废水和废气，不可避免地增加污染。一方面，明确排污权交易程序。可以先由页岩气开发公司向环保部门或相关中介机构提交排放交易要求，并提交交易意向书、环境监测报告以及其他有关环境保护服务的证明文件。随后，有关环境保护服务和监督机构将对提交的材料进行审查和评估，比较双方排放物中的污染物含量，确保排放交易的可行性，并提出适当的建议。经过评估和审查，双方签署排放交易协议，并在生态环境部注册。另一方面，监督排污权交易的后续进展。排污权交易协定生效后，负责环境保护的相关服务机构将对排放权交易进行动态监测，并定期监测污染物的排放量、污染物成分和去向，实时公布监测结果，接受公众监督。

6.2.8　利益共享与社会责任承担

油气能源开发是国家战略性工程，利益主体多样，不仅包括开发企业，还包括中央政府、地方政府、社区和居民。当地社区和居民是因油气开采活动受到直接影响的一类群体；地方政府在这一过程中往往会承担因油气开采活动而产生的影响当地生态环境、经济发展、居民生产生活等各社会经济问题的协调管理工作，因此也是利益主体之一。

油气能源的高质量开发既需要油气开发企业的投资建设，也需要地方政府的支持和当地群众的合作。因此，在油气开采活动中，企业需要承担社会责任，建立利益共享机制，弥补地方政府和当地居民由于油气开发所承担的生态环境风险和蒙受的损失。

一是完善税收制度，通过加大税收返还力度，扩大地方资源补偿费留成比例等多种方式，增加中央政府对资源所在地政府以及居民的经济补偿。二是完善产业关联配套机制。在条件允许的情况下，延伸产业链条，支持油气下游和辅助产业在当地的配套发展。三是在资源分配上，给资源所在地一定的政策优惠。四川省是我国主要的天然气资源供给地，大量天然气资源要西气东输，为国家的经济建设服务。地方政府，特别是资源所在地政府，留下的资源份额较小，从而影响了资源所在地的利益。为解决这一问题，建议给予四川省油气资源更多的调配权，特别是适当增加天然气在四川省本地留存份额，稳定本地的天然气供给。此外，还可以通过向油气开发区周围的社区提供全面的基础设施和公共事业来补偿公众。地方政府还可以通过招标向公众公布附近项目的细节和足够的补偿措施，从而切实形成四川省油气能源可持续开发的局面。

参考文献

[1] 蔡木林，王海燕，李琴，等. 国外生态文明建设的科技发展战略分析与启示 [J]. 中国工程科学，2015，17 (8)：144−150.

[2] 陈墀成，余玉湖. 生态文明视野下的科技创新生态化转型 [J]. 科技创新导报，2014，11 (24)：11−13.

[3] 陈健鹏，高世楫，李佐军. “十三五”时期中国环境监管体制改革的形势、目标与若干建议 [J]. 中国人口·资源与环境，2016，26 (11)：1−9.

[4] 陈景华，陈姚，陈敏敏. 中国经济高质量发展水平、区域差异及分布动态演进 [J]. 数量经济技术经济研究，2020，37 (12)：108−126.

[5] 程鹏立. 页岩气勘查开发的环境风险及其应对机制研究 [J]. 南京工业大学学报（社会科学版），2016，15 (2)：61−67.

[6] 崔盼盼，赵媛，夏四友，等. 黄河流域生态环境与高质量发展测度及时空耦合特征 [J]. 经济地理，2020，40 (5)：49−57+80.

[7] 范真真，罗霂，郭丽，等. 中美页岩气开发环境管理制度的分析与建议 [J]. 化工环保，2019，39 (2)：213−219.

[8] 高培勇，袁富华，胡怀国，等. 高质量发展的动力、机制与治理 [J]. 经济研究，2020，55 (4)：4−19.

[9] 耿卫红. 国外主要页岩油气勘探开发国环保政策借鉴 [J]. 国土资源情报，2016 (4)：27−33+21.

[10] 龚贤，陈田，陈运. 成都市协调推进经济高质量发展和生态环境高水平保护策略研究 [J]. 成都行政学院学报，2019，124 (4)：82−87.

[11] 郭丰源，徐剑锋，黄宝荣，等. 实现工业高质量发展的资源综合平衡问题与对策 [J]. 环境保护，2021，49 (2)：52−56.

[12] 国家能源局. 国家能源局关于印发《2020 年能源工作指导意见》的通知 [EB/OL]. (2020−06−22)[2021−05−24]. http://www.nea.gov.cn/2020−06/22/c_139158412.htm.

[13] 何冬梅，刘鹏. 人口老龄化、制造业转型升级与经济高质量发展——基于中介效应模型 [J]. 经济与管理研究，2020，41 (1)：3-20.
[14] 何强，李荣鑫. 我国能源高质量发展的目标和实施路径研究 [J]. 中国能源，2019，41 (11)：37-40.
[15] 贺欣，李小霞. 战略环境监管指标体系的分析与构建——以“十二五”规划环境监管约束性指标为例 [J]. 宏观经济研究，2015 (2)：50-59.
[16] 黄娟. 科技创新与绿色发展的关系——兼论中国特色绿色科技创新之路 [J]. 新疆师范大学学报（哲学社会科学版），2017，38 (2)：33-41.
[17] 黄庆波，戴庆玲，李焱. 中国海洋油气开发的生态补偿机制探讨 [J]. 中国人口·资源与环境，2013，23 (S2)：368-372.
[18] 黄顺春，张书齐. 中国制造业高质量发展评价指标体系研究综述 [J]. 统计与决策，2021，37 (2)：5-9.
[19] 黄信瑜. 地方政府环保监管责任有效落实的路径分析 [J]. 政法论丛，2017 (3)：145-152.
[20] 黄修杰，蔡勋，储霞玲，等. 我国农业高质量发展评价指标体系构建与评估 [J]. 中国农业资源与区划，2020，41 (4)：124-133.
[21] 焦琳惠，吕剑平. 甘肃省农业高质量发展水平测度及制约因子研究 [J]. 资源开发与市场，2021，37 (3)：333-339.
[22] 金碚. 关于“高质量发展”的经济学研究 [J]. 中国工业经济，2018，4 (4)：5-18.
[23] 金凤君. 黄河流域生态保护与高质量发展的协调推进策略 [J]. 改革，2019，4 (11)：33-39.
[24] 荆克迪. 在全面建设社会主义现代化国家中坚定不移地深入贯彻绿色发展理念 [J]. 政治经济学评论，2021，12 (2)：82-96.
[25] 李国敏，杨蕙馨，李玮. 基于耦合协调度的煤炭行业高质量发展评价体系研究 [J]. 煤炭经济研究，2019，39 (5)：38-44.
[26] 李静江，吴小荧. 环保指标与政府政绩考核 [J]. 马克思主义与现实，2006 (2)：158-160.
[27] 李熙喆，郭振华，胡勇，等. 中国超深层大气田高质量开发的挑战、对策与建议 [J]. 天然气工业，2020，40 (2)：75-82.
[28] 梁鹏，张希柱，童莉，等. 我国页岩气开发亟需完善环境监管 [J]. 环境影响评价，2013 (5)：29-31.
[29] 梁睿，童莉，向启贵，等. 中国页岩气开发的环评管理及建议 [J]. 天

然气工业，2014，34（6）：135－140.
［30］刘德强，沙海江，吴成亮．中国省域生态经济系统耦合协调发展时空分异［J］．江苏农业科学，2018，46（5）：338－342.
［31］刘志彪，凌永辉．结构转换、全要素生产率与高质量发展［J］．管理世界，2020，36（7）：15－29.
［32］刘志坚．环境监管行政责任设定缺失及其成因分析［J］．重庆大学学报（社会科学版），2014，20（2）：105－114.
［33］卢智增，江恋雨．我国环境问责制创新研究——“环境问责制度创新研究”系列论文之三［J］．桂海论丛，2019，35（5）：88－98.
［34］鲁亚运，原峰，李杏筠．我国海洋经济高质量发展评价指标体系构建及应用研究——基于五大发展理念的视角［J］．企业经济，2019，38（12）：122－130.
［35］陆辉，卞晓冰．北美页岩气开发环境的挑战与应对［J］．天然气工业，2016，36（7）：110－116.
［36］陆小成．生态文明视域下的技术批判与低碳创新观［J］．中国科技论坛，2016，6（6）：108－113.
［37］梅绪东，金吉中，王丹，等．涪陵页岩气开发环境管理的探索与实践［J］．环境影响评价，2020，42（3）：27－30.
［38］苗勃然，周文．经济高质量发展：理论内涵与实践路径［J］．改革与战略，2021，37（1）：53－60.
［39］聂长飞，简新华．中国高质量发展的测度及省际现状的分析比较［J］．数量经济技术经济研究，2020，37（2）：26－47.
［40］曲艳敏，赵锐，殷悦，等．美国海洋油气开发环境保护管理对我国的启示［J］．科技管理研究，2018，38（23）：268－274.
［41］任保平，宋雪纯．“十四五”时期我国新经济高质量发展新动能的培育［J］．学术界，2020（9）：58－65.
［42］任保平，文丰安．新时代中国高质量发展的判断标准、决定因素与实现途径［J］．改革，2018（4）：5－16.
［43］任保平．“十四五”时期我国高质量发展加速落实阶段的重大现实问题［J］．财贸研究，2020，31（11）：1－9.
［44］任保显．中国省域经济高质量发展水平测度及实现路径——基于使用价值的微观视角［J］．中国软科学，2020（10）：175－183.
［45］苏永伟，陈池波．经济高质量发展评价指标体系构建与实证［J］．统计

与决策，2019，35（24）：38－41.
[46] 孙金龙. 我国生态文明建设发生历史性转折性全局性变化 [J]. 中国环境监察，2020（11）：11－13.
[47] 孙锐，孙彦玲. 构建面向高质量发展的人才工作体系：问题与对策 [J]. 科学学与科学技术管理，2021，42（2）：3－17.
[48] 汤铎铎，刘学良，倪红福，等. 全球经济大变局、中国潜在增长率与后疫情时期高质量发展 [J]. 经济研究，2020，55（8）：4－23.
[49] 汤婧，夏杰长. 我国服务贸易高质量发展评价指标体系的构建与实施路径 [J]. 北京工业大学学报（社会科学版），2020，20（5）：47－57.
[50] 田磊，刘小丽，杨光，等. 美国页岩气开发环境风险控制措施及其启示 [J]. 天然气工业，2013，33（5）：115－119.
[51] 汪军，袁胜，陈刚才，等. 中国页岩气开发过程环境管理现状与对策分析研究 [J]. 环境科学与管理，2016，41（6）：18－21.
[52] 汪中华，邹婧喆. 内蒙古草原矿产资源开发与生态环境耦合研究 [J]. 地域研究与开发，2015，34（5）：138－142.
[53] 王惠娜，薛秋童. 基层环保监管的困境及对策研究 [J]. 厦门科技，2019（2）：17－21.
[54] 王甲山，王婷，杨洪波. 油气资源开发的生态环境影响与环境税费改革取向 [J]. 资源开发与市场，2016，32（9）：1068－1072.
[55] 王金南，秦昌波，苏洁琼，等. 国家生态环境监管执法体制改革方案研究 [J]. 环境与可持续发展，2015，40（5）：7－10.
[56] 王莉，于荣泽，张晓伟，等. 中、美页岩气开发现状的对比与思考 [J]. 科技导报，2016，34（23）：28－31.
[57] 王鹏，张茹琪，李彦. 长三角区域物流高质量发展的测度与评价——兼论疫后时期的物流新体系建设 [J]. 工业技术经济，2021，40（3）：21－29.
[58] 王瑞峰，李爽，王红蕾，等. 中国粮食产业高质量发展评价及实现路径 [J]. 统计与决策，2020，36（14）：93－97.
[59] 王世友. 以新发展理念引领西部大开发 [J]. 人民论坛，2021（4）：53－55.
[60] 王亚平，任建兰，程钰. 科技创新对绿色发展的影响机制与区域创新体系构建 [J]. 山东师范大学学报（人文社会科学版），2017，62（4）：68－76.

［61］王娅．论新时代生态文明建设中的绿色科技要素［J］．科学管理研究，2018，36（3）：16－19．
［62］王一鸣．大力推动我国经济高质量发展［J］．人民论坛，2018（9）：32－34．
［63］王永钦，张晏，章元等．中国的大国发展道路——论分权式改革的得失［J］．经济研究，2007（1）：4－16．
［64］王育宝，陆扬，王玮华．经济高质量发展与生态环境保护协调耦合研究新进展［J］．北京工业大学学报（社会科学版），2019，19（5）：84－94．
［65］魏敏，李书昊．新时代中国经济高质量发展水平的测度研究［J］．数量经济技术经济研究，2018，35（11）：3－20．
［66］温馨．英国页岩气开发全过程监管经验与启示［J］．中国石油企业，2019（3）：73－76．
［67］习近平．决胜全面建成小康社会　夺取新时代中国特色社会主义伟大胜利——在中国共产党第十九次全国代表大会上的报告［EB/OL］．（2017－10－27）［2021－05－24］．http://www.gov.cn/zhuanti/2017－10/27/content_5234876.htm．
［68］夏显力，陈哲，张慧利，等．农业高质量发展：数字赋能与实现路径［J］．中国农村经济，2019（12）：2－15．
［69］徐开娟，黄海燕，廉涛，等．我国体育产业高质量发展的路径与关键问题［J］．上海体育学院学报，2019，43（4）：29－37．
［70］轩福华，孙静，武海涛．哈尔滨市旅游开发与生态环境耦合关系分析［J］．对外经贸，2012（9）：77－79＋120．
［71］严健洋．关于生态文明视野下环境管理的实质内涵分析［J］．资源节约与环保，2018（2）：97＋104．
［72］颜金．地方政府环境责任绩效评价指标体系研究［J］．广西社会科学，2018（12）：160－165．
［73］杨小微．以高质量发展理念推进教育现代化［J］．教育发展研究，2021，41（3）：3．
［74］杨永春，穆焱杰，张薇．黄河流域高质量发展的基本条件与核心策略［J］．资源科学，2020，42（3）：409－423．
［75］袁晓玲，李彩娟，李朝鹏．中国经济高质量发展研究现状、困惑与展望［J］．西安交通大学学报（社会科学版），2019，39（6）：30－38．

[76] 袁渊，于凡. 文化产业高质量发展水平测度与评价 [J]. 统计与决策，2020，36 (21)：62-66.
[77] 臧晓霞，吕建华. 国家治理逻辑演变下中国环境管制取向：由“控制”走向“激励” [J]. 公共行政评论，2017，10 (5)：105-128+218.
[78] 曾贤刚，魏国强. 生态环境监管制度的问题与对策研究 [J]. 环境保护，2015，43 (11)：39-41.
[79] 张道广. 浅析生态文明视野下环境管理的实质内涵 [J]. 低碳世界，2014 (13)：4-5.
[80] 张红凤，周峰，杨慧，等. 环境保护与经济发展双赢的规制绩效实证分析 [J]. 经济研究，2009，44 (3)：14-26+67.
[81] 张建良，黄德林. 我国页岩气开发水污染防治法制研究——对美国相关法制的借鉴 [J]. 中国国土资源经济，2015，28 (2)：60-64.
[82] 张军扩，侯永志，刘培林，等. 高质量发展的目标要求和战略路径 [J]. 管理世界，2019，35 (7)：1-7.
[83] 张军扩. 加快形成推动高质量发展的制度环境 [J]. 中国发展观察，2018 (1)：5-8.
[84] 张同乐，郭琪. “大跃进”时期生态环境问题论析——以河北省为例 [J]. 河北师范大学学报（哲学社会科学版），2008 (2)：143-149.
[85] 张侠，许启发. 新时代中国省域经济高质量发展测度分析 [J]. 经济问题，2021 (3)：16-25.
[86] 张忠跃，胡炅坊. 中国生态文明建设历程回顾与经验分析 [J]. 长春师范大学学报，2020，39 (6)：39-41.
[87] 赵国泉. 国外页岩气产业政策及其对我国的启示 [J]. 中国煤炭，2013，39 (9)：23-27.
[88] 赵剑波，史丹，邓洲. 高质量发展的内涵研究 [J]. 经济与管理研究，2019，40 (11)：15-31.
[89] 赵美珍，郭华茹. 论地方政府和公众环境监管的互补与协同 [J]. 华中科技大学学报（社会科学版），2015，29 (2)：52-57.
[90] 赵美珍，郭华茹. 论地方政府和公众环境监管的互补与协同 [J]. 华中科技大学学报（社会科学版），2015，29 (8)：52-57.
[91] 郑坤，罗彬，王恒，等. 成渝地区双城经济圈自然生态保护协同监管问题与对策研究 [J]. 环境生态学，2020，2 (8)：51-54.
[92] 郑石明. 改革开放 40 年来中国生态环境监管体制改革回顾与展望 [J].

社会科学研究，2018（6）：28－35.
[93] 周卫. 我国生态环境监管执法体制改革的法治困境与实践出路 [J]. 深圳大学学报（人文社会科学版），2019，36（6）：82－90.
[94] 周伟. 地方政府生态环境监管：困境阐述与消解路径 [J]. 青海社会科学，2019（1）：38－44.
[95] 周玉波，田常清. 高校出版社发展水平测度及高质量发展路径探究 [J]. 湖南师范大学社会科学学报，2021，50（1）：150－156.

后　记

党的十九大报告指出我国经济已由高速增长转向高质量发展阶段，推动高质量发展成为新时代经济发展的基本要求。油气能源作为支撑社会经济发展的主体能源，其高质量发展对我国构建绿色、低碳、高效的能源体系，保障国家能源安全具有重要意义。油气高质量发展始于高质量的开发。油气高质量开发要求改变高消耗、高污染、低效益的传统开发方式，以生态优先和绿色发展为导向，实现开发的低消耗、低污染、生态性和可持续性。适宜而有效的生态环境监管机制成为推进油气高质量开发的重要外生条件。因此，本书对四川省油气高质量开发与生态环境监管的耦合协调度进行了评价与预测，对建立和完善符合开发规律、产业特殊性、原有制度特殊性的油气高质量开发与生态环境监管的耦合协调机制，调动油气企业切实转向高质量发展，实现绩效的叠加放大提出了系列政策建议，为深化生态文明体制改革提供参考。

本书是在四川省软科学研究计划项目“四川省油气高质量开发与生态环境监管的动态耦合研究”（2020JDR0211）和西南石油大学智库项目“新时代背景下成都市推进能源消耗型产业绿色发展评价与建议”（2018XZK008）的研究报告基础上形成的，并受项目资助。本书还受到西南石油大学新能源与环境创新管理科研团队（2018CXTD14）的资助。西南石油大学硕士研究生钟开毅、周玲、廖仪佳、王冯博和西南交通大学硕士研究生梁牧云全程参与了本书的撰写工作，为本书的顺利完成付出了大量努力。

本书在撰写过程中得到了西南石油大学科研处、西南石油大学经济管理学院、四川省页岩气产业发展研究院、四川石油天然气发展研究中心领导和同志的大力支持，在此表示衷心的感谢。

感谢所有参考文献的作者，他们的研究给了本书很多启发。感谢四川大学出版社梁平编辑的悉心指导和辛苦付出。感谢相关地区和部门的领导和专家为本书研究提供的支持和帮助。

由于著者自身的局限性，本书还存在诸多不足指出，有待进一步完善，请大家批评指正。

董倩宇

2022 年于成都